BIBLIOTHEQUE N° 342
D'ENSEIGNEMENT POLYTECHNIQUE
Publiée sous la direction de M. J. Galopin

COURS DE

BOTANIQUE

Professeur : **M. ANTOINE**
Docteur ès-Sciences Naturelles

Edition et Propriété de l'Ecole du Génie Civil
152, Avenue de Wagram — Téléphone 27-97

EXAMENS SPÉCIAUX

Auxquels prépare par correspondance l'Ecole du Génie Civil

Ecoles Spéciales et Examens Particuliers

L'Ecole prépare à toutes Ecoles spéciales suivantes : Ecoles d'Hydrographie, Ecoles d'Arts et Métiers, Ecoles des Mécaniciens de Brest, Toulon et Lorient, Instituts techniques spéciaux, Ecole supérieure d'Electricité, Ecole supérieure d'Aéronautique, Ecole Centrale, Ecoles de Physique et Chimie, etc.

Préparations spéciales à tous les examens des Douanes, des Postes, des Ministères, des Chemins de fer; préparation spéciale aux Brevets simple, supérieur de l'Enseignement Primaire, ainsi qu'aux divers Baccalauréats, Certificats, Licences.

Industrie

Préparation à tous les grades (Contremaitres, Conducteurs, Sous-Ingénieurs et Ingénieurs), pour la Mécanique, l'Electricité, les Mines, les Travaux Publics, etc.

Mécaniciens pour Usines et Ateliers : Electriciens. — Chefs mécaniciens. - Conducteurs électriciens. - Ingénieurs et Dessinateurs Industriels. — Contremaîtres et Chefs d'ateliers. — Ingénieurs et Sous-Ingénieurs.

Cours spéciaux de Contremaîtres, Dessinateurs et Ingénieurs des Constructions navales.

Marine de Guerre

Matelot élève mécanicien ; Quartier-maitre mécanicien ; Brevet élémentaire de mécanicien ; Cours du brevet supérieur de mécanicien-électricien, etc ; Admission au cours des élèves officiers (machine et pont) ; Examen direct pour le grade de mécanicien principal ; Examen de quartier-maitre préparatoire à l'examen d'élève officier de vaisseau ; Obtention du grade d'officier électricien et d'officier des autres spécialités ; Ecoles techniques élémentaire et supérieure des arsenaux ; Commis de la Marine ; Commissaires et Administrateurs de l'Inscription maritime ; Ecoles navales et de Génie maritime ; Ingénieurs d'Artillerie navale ; Agents et Officiers des Travaux hydrauliques.

Marine de Commerce

Brevets de capitaines au Bornage, au Cabotage et au Long Cours ; Brevet pratique de mécanicien pour machines à vapeur ; Brevet pratique de mécanicien pour autres moteurs ; Brevet d'officier mécanicien de 2e classe ; Brevet d'officier mécanicien de 1re classe ; Brevet d'élève-officier mécanicien ; Emplois d'électriciens dans les grandes Compagnies ; Emplois d'élèves mécaniciens.

Armée

Officiers du service aéronautique. — Officiers mécaniciens. — Saint-Maixent. — Vincennes. — Saumur. — Versailles. - Dessinateurs de l'Armée. - Aspirants de toutes armes. - Saint-Cyr. - Polytechnique, etc.

Administrations

Adjoints techniques, dessinateurs et mécaniciens des Ponts et Chaussées. — Agents et Sous-Agents techniques des Poudres et Salpêtres. — Mécaniciens électriciens, Dessinateurs de la voie et de la traction, Piqueurs, emplois divers des Chemins de fer. — Mécaniciens et dessinateurs des Postes et Télégraphes. — Mécaniciens et dessinateurs des Manufactures de Tabacs. Dessinateurs et calqueurs du Ministère de la Guerre, etc.

Préparations Spéciales

Outre sa préparation aux examens ou carrières précités, l'Ecole se tient à la disposition de toutes les personnes n'ayant qu'une ou plusieurs parties à approfondir pour leur faire sur les matières qui les concernent (en tant que celles-ci sont du ressort de ce qu'enseigne l'Ecole) des préparations spéciales à des prix extrêmement avantageux.

En particulier elle a des préparations très suivies de T. S. F., Automobiles, Aviation, Langues vivantes, etc.

Elle prépare également à tous les emplois réservés aux anciens sous-officiers.

Cours de Vacances, Cours du Soir, du Dimanche matin, Leçons Particulières.

Des cours spéciaux sont organisés à toute époque et pour toutes les matières de nos programmes.

Les cours les plus suivis sont ceux de Mathématiques, Dessin et Croquis industriels appropriés à toutes les spécialités, cours démonstratifs sur les pièces elles-mêmes des différentes branches techniques.

N° 342

ÉCOLE DU GÉNIE CIVIL

pour l'Industrie, la Marine, l'Armée, les Grandes Administrations et les Grandes Ecoles

152, Avenue de Wagram, PARIS

ENSEIGNEMENT SUR PLACE ET PAR CORRESPONDANCE

DIRECTEUR : M. JULIEN GALOPIN,
Ingénieur Civil

COURS DE BOTANIQUE

Professeur : M. ANTOINE
Docteur ès-Sciences Naturelles

ÉDITION DE L'ÉCOLE DU GÉNIE CIVIL

École du Génie Civil

Enseignement sur place et par Correspondance

Cours de Botanique

1ère Leçon

Les Quatre Grandes Divisions

I – Les Plantes.

La Botanique est l'étude des plantes, l'examen du Règne Végétal ; on dit moins volontiers Phytologie, Botanie ou Phyton Végétal. La Plante est un être vivant, organisé, qui naît d'une graine, se nourrit, atteint sa maturité, produit des graines, décline et meurt. Cette vie, dite végétative ou de nutrition, est commune aux deux sortes d'êtres vivants, animaux et végétaux. Mais une profonde différence sépare les deux Règnes. La plante, en général, n'est pas sensible ; elle n'exécute pas de mouvements volontaires, – tandis que l'animal est caracterisé, précisément, par la sensibilité et la volonté. On ne trouve donc que chez l'animal les organes de la vie de relation, des nerfs, des muscles, des os qui lui permettent de chercher ses aliments et de fuir ses ennemis. La plante en est privée : elle attend que l'eau et l'air lui apportent sa nourriture.

II. Leur Vie

Ainsi le végétal est doué de la vie de nutrition ; il possède les organes nécessaires pour remplir les fonctions de cette existence « végétative ». Ses racines puisent dans le sol, et ses feuilles dans l'atmosphère de quoi former la Sève, que l'on compare au sang des animaux. La plante n'absorbe que les matières solubles, et celle qu'elle peut dissoudre par une sorte de digestion. Ses vaisseaux, et ses tissus mous, se prêtent à la circulation de la sève et des Gaz. Ses Glandes sécrètent le nectar mielleux et les Essences parfumées. Toutes ses régions molles respirent ; comme l'animal, elles absorbent de l'oxygène, et rejettent, en échange, du gaz Carbonique, CO^2 (et de la Vapeur d'eau) : les Feuilles font l'inverse pendant le jour.

Le but final de l'activité végétative consiste à assurer la perpétuité des plantes : cette fonction s'opère par les fleurs, qui viennent couronner le végétal d'un diadème brillant et parfumé ; mais ni l'éclat, ni l'odeur ne sont indispensables, comme on le remarque chez les grands arbres de nos forêts, et sur les céréales de nos moissons.

III. Les Fleurs

La fleur sert à reproduire le végétal. Sur un Pédoncule s'épanouit le Plateau, parfois bordé de petites feuilles écailleuses, les Bractées, ou de glandes mielleuses à nectar, les Nectaires. Les 4 Cercles (ou Verticilles) d'organes d'une fleur complète sont : 1º Le Calice protecteur, formé de Sépales verts. 2º La Corolle, protectrice, formée de Pétales colorés. 3º Les Etamines ; leur filet supporte l'anthère qui contient le Pollen fécondant. 4º Le Pistil, au centre, ressemble à une bouteille. Son Ovaire, renflé, loge les futures graines, nommées Ovules ou Œufs végétaux. Il est surmonté d'un Style en goulot, et d'un Stigmate dont la viscosité retiendra les grains jaunes de pollen. Grâce au concours du pollen, les Ovules deviennent des Graines (il s'y forme le Germe d'un nouveau végétal), et, pour les abriter, l'ovaire se transforme en fruit. Bref, le fruit est un ovaire qui a mûri ; la graine est un ovule fécondé.

Les plantes annuelles meurent dès que leurs graines sont mûres (blé). Les bisannuelles ne fleurissent que la 2e année, après avoir accumulé, pendant la 1ère, les provisions nécessaires à cette floraison (betterave). Les végétaux vivaces vivent plus de deux ans, ils fructifient plusieurs fois, mais pas au début de leur existence. On les compare aux animaux hibernants, parce qu'ils dorment en hiver d'un sommeil presque absolu. Sous les tropiques la végétation paraît continue, et cependant chaque plante a besoin d'une certaine période de repos que l'on respecte dans nos serres.

IV. Utilité des Végétaux

Les plantes sont indispensables au Règne animal et très utiles à l'Homme. 1º Par une harmonie que l'on ne saurait trop admirer, les plantes préparent la nourriture des animaux et elles purifient l'atmosphère qu'ils respirent. Avec des éléments minéraux dont l'animal ne pourrait tirer aucun parti, l'eau, le gaz CO^2, et quelques sels, le végétal organise les cellules de ses tissus, et les remplit de provisions nutritives telles que l'amidon, la fécule, le sucre, l'huile, le gluten du pain. Ces réserves que la plante devait utiliser nourrissent l'animal Herbivore (qui ne peut vivre d'éléments minéraux) et celui-ci sert de proie au Carnassier qui ne peut digérer les aliments végétaux. Ainsi la disparition des plantes dans une île serait immédiatement suivie de celle des herbivores et, à bref délai, de celle des carnassiers.

2º Les végétaux assainissent notre globe. Leurs Racines puisent dans le sol les résidus de la décomposition animale, détritus dont l'accumulation déterminerait des épidémies et la peste. Leurs Feuilles et les autres organes verts, que colore la Chlorophylle, décomposent le gaz carbonique de l'air pendant le jour, grâce au concours du soleil : $CO^2 = O^2 + C$. Les feuilles rejettent l'oxygène, d'autant plus vivifiant qu'il est alors électrisé (Ozone) et elles conservent le charbon, qui s'unit à l'eau des tissus, pour former du Sucre et de l'Amidon. Cette nutrition des feuilles est doublement utile aux animaux, dont la respiration réclame l'oxygène bienfaisant, et redoute le gaz CO^2 asphyxiant. Qui ne connaît le bon effet de l'atmosphère ozonisée des jardins, des parcs, des forêts ? Les aquariums réussissent bien mieux depuis qu'on y place des plantes aquatiques, dans l'intérêt des poissons.

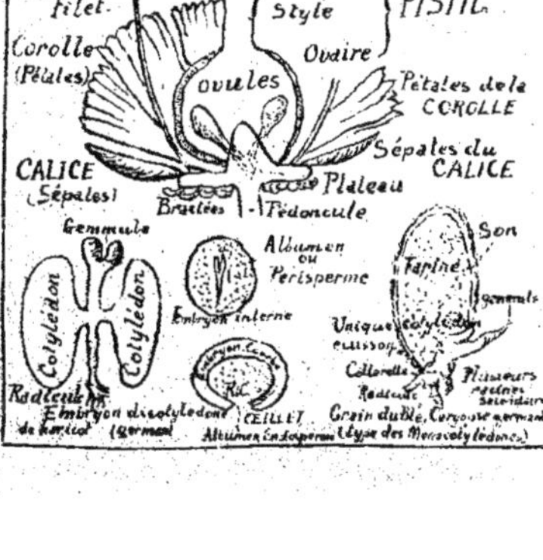

3º Quant aux services rendus plus spécialement à l'Homme par les végétaux, ils sont très nombreux et de tout premier ordre

Les plantes nous donnent une partie de nos Aliments (pain, légumes, fruits, graines, huiles, sucres, champignons, assaisonnements), et presque toutes nos Boissons : vin, bière, cidre, café, thé. Une partie de nos Vêtements : coton, lin, chanvre. Les Bois de construction ; des Huiles pour éclairage, savon, peinture ; des Couleurs ; des Résines ; de nombreux Remèdes. C'est enfin la végétation qui nous fournit la nourriture du Bétail et de la Basse-cour : foin, trèfle et luzerne, grains et légumes.

V- Graines

Une graine renferme un nouveau végétal en miniature, accompagné des provisions qui serviront à ses débuts dans la vie. Cette Plantule montre une Radicule, ou future racine, assez nette ; une Tigelle, future tige, surmontée d'une Gemmule verdâtre, qui se gonflera de chlorophylle pour former les premières feuilles. Quant aux Provisions de nourriture, elles remplissent, le plus souvent, 2 sacs soudés à la plantule, les 2 Cotylédons. On nomme Embryon l'ensemble de la plantule et des cotylédons. Les plantes Dicotylédones ont pour type le haricot, l'amandier. Parfois l'embryon ne possède qu'un seul sac nourricier, et le végétal est dit Monocotylédone : tels sont le blé, la tulipe, le palmier.

Dans les deux cas, une 2e provision peut venir en aide à la première : elle est nécessaire au blé, qui n'a qu'un petit cotylédon, tandis que les 2 gros cotylédons du haricot sont bien suffisants pour développer la plantule, jusqu'à ce qu'elle soit assez grande pour se nourrir toute seule. Cette 2e provision est l'Albumen que l'on compare au blanc de l'œuf entourant le Germe et le Jaune. D'ordinaire, l'albumen est autour de l'embryon : il est dit Périsperme. Et s'il est entouré par lui, comme dans la graine de l'œillet, on le surnomme Endosperme. En dessinant les 2 graines qui servent de type, vous remarquez que ce sont les 2 cotylédons du haricot que nous mangeons, et que c'est l'albumen du blé qui nous donne la farine et, par suite, le pain.

VI- Les 4 Divisions fondamentales

Vers 1736, Linné divisa les végétaux en Phanérogames, qui possèdent des fleurs, à pistils et à étamines, et en Cryptogames qui en sont dépourvus. Peu de temps après Bernard de Jussieu observa que, chez les premiers seulement, la graine renferme des cotylédons et il remarqua que la plupart des caractères essentiels du végétal, dépendent du nombre des sacs nourriciers, ce qui l'amena à partager les Phanérogames en Dicotylédones et Monocotylédones. Vers 1840, Brongniart relégua à part les Gymnospermes, aux ovules nus, dépourvus d'ovaires et, par suite, de fruit. En conséquence, on distingue quatre Grandes Divisions.

1°. Les Dicotylédones, dont l'embryon possède 2 cotylédons. Tels sont les grands arbres de nos forêts et de nos vergers, chêne et pommier. Les fleurs ont un calice vert, et la symétrie de leurs organes est le plus souvent quinaire, 5, ou, sinon, quaternaire, 4, comme chez le fuchsia. 2°. Les Monocotylédones dont l'embryon ne contient qu'un seul cotylédon, presque toujours secondé par de l'Albumen. Tels sont beaucoup d'arbres des tropiques, Palmier, Dragonnier; puis nos Céréales, blé, orge; des plantes à bulbes, Oignon, tulipe. Les fleurs ont un calice coloré, semblable à la corolle, et la symétrie de leurs 4 verticilles (ou cercles d'organes est ternaire, 3, comme chez l'Iris, le lys. 3°. Les Gymnospermes à ovules nus, sans ovaires; ils n'ont donc pas de fruits. Les graines sont abritées, plus ou moins, à la base de bractées écailleuses, groupées en Cône chez les Conifères. Plusieurs embryons sont pluricotylédones. Ce sont les arbres résineux, « Verts », aux feuilles sombres, dures, persistantes : Pin, Cèdre, Cyprès. 4°. Les Cryptogames ou Acotylédones (A, privatif) n'ont pas de fleurs à pistils et étamines, mais ils possèdent des organes de reproduction. Leur semence ne contient pas d'embryon, pas de cotylédon. Ce sont les Fougères, les Prêles, les Mousses, les Champignons, les Algues.

2°. Leçon

Tissus et Principes Végétaux

I. Tissu Cellulaire

La Trame des tissus végétaux est formée de Cellules et de leurs dérivés, les Fibres et les Vaisseaux. Les régions tendres telles que la moelle, la feuille, les fruits charnus se composent principalement ou uniquement de cellules; les régions dures telles que le bois, l'intérieur de l'écorce, les nervures des feuilles résultent d'un assemblage de fibres et de vaisseaux. Le Parenchyme cellulaire est le tissu fondamental, primitif, qui domine dans les plantes jeunes, et chez celles qui demeurent herbacées. Il est formé de cellules, petits sacs sphériques, ou polyédriques, selon qu'ils sont plus ou moins pressés, rectangulaires dans les épidermes, étoilés chez les joncs. Leur enveloppe est faite de Cellulose ; elle présente des amincissements réguliers, qui permettent les échanges de la sève avec leur contenu. Il en résulte que la cellule paraît ponctuée, rayée, réticulée, annelée, spiralée, suivant la disposition de ces amincissements.

Le contenu des Cellules est d'abord une gelée granuleuse, le Plasma, de composition albumineuse, difficile à préciser, caractérisée par la présence de l'Azote, du Soufre et du Phosphate de Chaux. Le Plasma est la partie essentiellement vivante ; comme le sarcode des animaux inférieurs il absorbe, il réagit, il se reproduit. C'est par son intermédiaire que la sève remplit les cellules, suivant leur position dans le végétal, soit de principes consolidants (sclérogène, silice), soit de provisions nutritives (amidon, gluten), soit de dépôts cristallins (concrétions de carbonate de chaux, aiguilles d'oxalate de chaux). La moelle du sureau, les plantes grasses, les champignons sont formés de Parenchyme cellulaire. (Dans le limbe des feuilles, les grains de plasma sont colorés en vert par la chlorophylle qui exige, pour se former, le concours du soleil et du fer : c'est elle qui réduit le gaz CO^2, afin de former de l'amidon et du sucre, tout en purifiant l'atmosphère.

II. Ligneux

Le deuxième tissu est le Ligneux qui forme le bois (Lignio) le dedans de l'écorce, les nervures des feuilles ; bref, les régions dures. On le surnomme Fibro-Vasculaire parce que c'est une association de Fibres et de Vaisseaux, sortes de cellules modifiées, allongées, qui s'incrustent peu à peu de matières consolidantes, Sclérogènes et autres celluloses. Les Fibres ou cellules allongées, sont de deux sortes : les Clostres, amincies en fuseau ; et les Fibres Conductrices, cylindriques, terminées obliquement en biseau. Tant qu'elles sont jeunes, tendres, elles conduisent bien la Sève.

Les Vaisseaux sont formés par des séries parallèles de cellules, dont les cloisons séparatrices ont disparu, parfois incomplètement. Ils servent, eux aussi, à la circulation de la Sève, et tout spécialement à celle des Gaz : air pur, air modifié, gaz CO^2, etc., jusqu'à ce que leur plasma ait fait place aux sclérogènes incrustantes. Puisque ce sont des cellules modifiées, ils apparaissent ponctués, rayés, réticulés, annelés, spiralés. Les premiers formés, les Vaisseaux Primitifs persistent autour de la moëlle, ce qui caractérise l'étui médullaire ; ils sont tendus par une ou plusieurs hélices déroulables : on les surnomme Vraies Trachées. Leur structure et leur fonction principale, rappellent celles des tubes respiratoires des Insectes. Ces vaisseaux se modifient, dans le bois, en Fausses Trachées soit tubes Spiralés et Annelés dont la position est centrale, et le calibre mince ; soit vaisseaux Rayés et Ponctués plus gros et plus externes. Les derniers formés concourent, avec les fibres Conductrices, à l'ascension de la

Sève printanière, à travers les dernières couches de bois jeune, ou Aubier. Cette sève aqueuse se modifie de plus en plus en s'élevant jusqu'aux feuilles; elle fait des échanges avec le contenu des régions qu'elle traverse; une élaboration compliquée la rend de plus en plus épaisse et nutritive. Elle forme, alors, la Zône Génératrice ou Cambium qui produit, chaque année, une nouvelle couche de bois, et une nouvelle couche d'écorce.

En outre, une portion de cette sève nourricière redescend à travers l'écorce (pour nourrir les racines) par des vaisseaux Cribreux, dont les cellules ont conservé leurs cloisons séparatrices obliques, mais criblées de trous, grillagées, treillisées, en tamis. L'écorce de quelques végétaux renferme aussi des Vaisseaux Laticifères flexueux, renflés, communiquants, qui servent à la circulation du Latex ou Suc propre, réserve nutritive destinée spécialement aux fleurs. On compare volontiers le latex à la lymphe et, plus exactement, les Laticifères aux lymphatiques. Au sein du liquide, sécrété par les parois mêmes, sont suspendus des globules gras, résineux, féculents. Le plus souvent, le latex est blanc laiteux comme l'indique son nom. (Ex: pavot), mais il est jaune dans la chélidoine, orangé dans l'artichaut rouge de sang chez la sanguinaire.

Les Gymnospermes sont dépourvus de vaisseaux. La circulation de la sève et des térébenthines est facilitée par de longues fibres ou clostres aréolées, présentant de nombreux renflements, en verre de montre, avec des perforations centrales qui communiquent.

III. Principes Végétaux

Il y en a 4 fondamentaux: le Plasma, la Chlorophylle, les Celluloses et les Sclérogènes. Viennent en seconde ligne, les Provisions Utiles dont l'homme et les animaux tirent un si grand parti. Ordinairement ces principes sont accumulés auprès des Germes nouveaux dans les fruits, les graines, les tubercules: ou bien ils sont mis en réserve pour l'avenir au sein des racines, des tiges souterraines ou rhizômes, et des écorces: dans les feuilles des salades et du chou. Les Principes azotés ou albumineux sont les plus réparateurs pour l'animal dont les tissus sont azotés: gluten du pain, légumine des légumes l'aleurone des graines huileuses.

Les principes calorifiques sont les corps gras, huile, beurre végétal, cire; et les féculents ou amylacés auxquels on rattache les sucres, les alcools, les gommes. Les grains d'amidon (blé, riz) sont plus fins que ceux de fécule (haricot, pomme de terre, tapioca): ils ont tous la structure foliacée de l'oignon, à couches concentriques, autour d'un hile central. La liste est longue des acides végétaux: Tannique de l'écorce du chêne, Oxalique de l'oseille, Citrique du Citron, Tartrique du vin et des alcaloïdes : Caféine du café, Quinine du quinquina, Morphine du pavot, Nicotine du tabac.

Parmi les Principes Minéraux, la potasse domine dans les végétaux terrestres (on la retire de leurs cendres) et la soude domine dans les plantes marines, puisque le sel marin, NaCl, est une association de soude et de chlore. Ces mêmes plantes fournissent l'Iode, le Brome. La Chaux et la Magnésie sont très répandus : leurs sels forment parfois des cristaux : Cystolithes calcaires, en lustre ; Raphides d'oxalate, en aiguilles (oseille). La Silice communique sa dureté à beaucoup de plantes : elle rend l'herbe coupante, les pailles résistantes, le bambou tenace, le prêle capable de polir, les diatomées aussi (tripoli). Les cendres des végétaux renferment encore d'autres substances qui dépendent de la nature du terrain, ce qui prouve que la racine peut assez bien choisir. Mais, ce qui domine dans la plante, et surtout dans le bois un peu âgé, ce sont les celluloses, association d'eau et de charbon. On dit volontiers que les végétaux sont surtout formés de carbone et d'eau. On carbonise le bois en lui enlevant son eau de constitution par la chaleur. Si l'on plonge une allumette dans une substance avide d'eau (comme l'acide sulfurique) on la voit noircir immédiatement. Les trois corps simples essentiels sont donc l'Oxygène, l'Hydrogène, le Carbone.

3e Leçon

La Racine.

I. Ses Fonctions

La Racine est la partie descendante, souterraine des végétaux. Elle provient de la Radicule de l'embryon qui fuit la lumière, par opposition à la tigelle qui s'élève vers le soleil. Elle a au moins 5 fonctions utiles : 1° Elle fixe la plante au sol ; 2° Elle absorbe l'Eau et les principes solubles du terreau ; 3° Elle est le siège d'une active respiration, que favorisent le labourage et l'emploi de la bêche. Dans un sol aéré, elle absorbe de l'oxygène et rejette du gaz CO^2, pour rendre solubles et, par suite, absorbables, des sels précieux qui auraient été perdus : phosphates, silicates, carbonates. Les extrémités acides de

certaines racines corrodent le marbre, elles pénètrent dans un escalier.
5º La racine emmagasine parfois des Provisions destinées à l'épanouissement de la plante, soit l'année même (radis), soit l'année suivante (betterave). A mesure que les parties aériennes d'un radis se développent, sa racine se creuse et cesse d'être mangeable. La Racine s'allonge, sans beaucoup grossir, grâce au travail incessant de cellules dites initiales. Organe de première importance, elle ne porte pas de bourgeons et, par suite, ni feuilles, ni fleurs.

II - Ses Radicelles.

Une racine est couverte de filaments grêles, alignés symétriquement les radicelles, dont l'ensemble constitue le chevelu ; 5 rangées de radicelles sur le tabac, 4 sur la carotte, 2 sur le radis et le chou. Les dernières cellules, très molles, sont dites spongioles ; elles constituent le cône d'activité vitale pour l'allongement et la nutrition. Leur extrémité même est impropre à l'absorption de l'eau et des principes solubles, car elle est protégée par une coiffe cornée, contre les aspérités du sol et l'appétit des insectes. La nutrition s'opère au-dessous de cette coiffe, par les Poils Radiculaires disposés régulièrement, sur plusieurs cercles ou verticilles. C'est là que commence la Sève, d'abord très aqueuse. Comme le Chevelu s'étend, à la fois, en largeur et en profondeur, on doit arroser un arbre à quelque distance du pied, et abondamment, dans un petit bassin ou cuvette. Si l'eau ne descend pas, et ne se répand pas jusqu'aux Radicelles, le végétal dépérit et meurt.

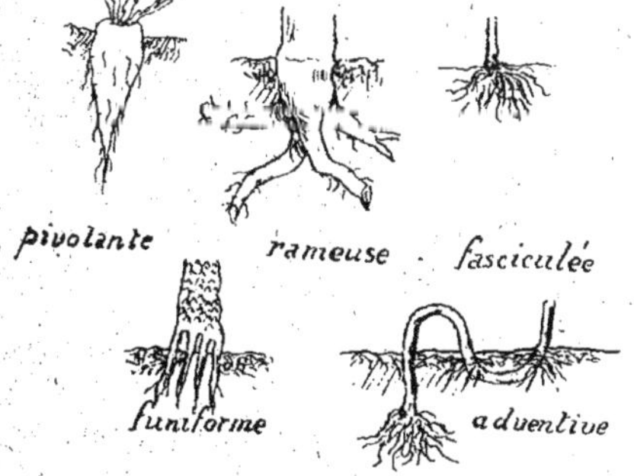

III - Ses Formes

Les Dicotylédones ont de profondes racines, dites Pivotantes, parce que l'axe principal, nommé pivot ou Souche, continue de grandir. La racine est pivotante simple lorsque le pivot ne porte pas d'axes secondaires, mais de simples radicelles, régulièrement alignées en verticilles : carotte, betterave. Elle est pivotante rameuse, lorsque le pivot porte des ramifications secondaires, tertiaires, comme le fait le tronc de l'arbre ; c'est le cas de nos grands végétaux dicotylédones

des arbres de nos forêts et de nos vergers : chêne, orme, poirier, cerisier.
2° La plupart des Monocotylédones ont des racines peu profondes, dites Fasciculées, caractérisées par l'arrêt précoce de l'axe primaire, qu'entoure et que remplace un faisceau de racines secondaires égales. La racine est mince ou fibreuse sur l'oignon et les céréales ; elle ressemble à un paquet de cordes, chez le palmier afin qu'il se cramponne aux sables du désert. Cette disposition dite « Funiforme », est assez facile à constater dans nos serres, à la base du tronc des palmiers, parce que le sommet des racines est d'ordinaire mis à nu.

Pivotantes ou fasciculées, on nomme Tuberculeuses les racines qui se gonflent de provisions : topinambour, dahlia ; - asphodèle, que les anciens plantaient sur les tombes. Les mixtes, à la fois fibreuses et tuberculeuses, ont pour type l'Orchis qui donne, en Asie, une fécule fine, le salep. Se garder de placer ici la Pomme de terre ; en voyant ce tubercule couvert de bourgeons (yeux) on comprend qu'il ne dépend pas d'une racine, mais d'une tige souterraine et de ses rameaux. Certaines racines s'enfoncent peu (céréales), d'autres beaucoup (légumineuses) ; on en tient compte dans les cultures simultanées ou successives, afin de tirer tout le parti possible des profondeurs d'un champ. Assolements

IV- Exceptions.

Les végétaux Parasites enfoncent leurs racines en Suçoirs à travers l'écorce de leur support, aux dépens duquel ils vivent. Tels sont le Gui qui préfère les arbres fruitiers et les vieux chênes ; la Cuscute, fléau de l'agriculture. On nomme épiphytes (Epi, sur, phuton, plante) ceux qui ne demandent qu'un appui, mais non la nourriture : commensaux, et non parasites. Tels sont les Lianes, les Orchidées, les Aroïdées, qui absorbent parfois, pour toute nourriture, la rosée et les poussières, à travers leurs racines Aériennes, flottantes, adventives.

V- Racines Adventives

On nomme « adventif » tout organe anormal, supplémentaire, irrégulièrement placé. Les racines Adventives sont des suppléments qui proviennent de la tige, des rameaux : chez le lierre par exemple. Les fougères arborescentes en ont beaucoup. Le Figuier indien des Pagodes abrite une caravane à l'ombre de ses piliers adventifs ; celui qu'on vénère à Narbuddah en possède 350 très gros et 3.000 petits. La production de ces auxiliaires est favorisée par le contact de la terre, et par les afflux de sève que déterminent les ligatures et les blessures

Bouturer, c'est planter un jeune rameau capable de produire vite l'indispensable chevelu adventif ; on réussit bien avec les bois blancs, peu compacts : saule, peuplier, orme. Marcotter, c'est produire des racines adventives pour multiplier les plantes utiles ou belles, soit en couchant leur tige contre la terre (oeillet), ou en les enterrant dans le sol (vigne), soit en élevant de la terre, à l'aide d'un cornet, autour de la branche que l'on a liée fortement, puis blessée, pour accumuler la sève descendante qui forme un bourrelet. Lorsque le chevelu adventif est bien formé, on coupe peu à peu, on sépare très lentement les 2 régions, la plante-mère et la plante-fille. Beaucoup de végétaux rampants se marcottent d'eux-mêmes : fraisier, violette, véronique. Buttage du maïs, couchage du blé. On fait produire des racines adventives aux feuilles hachées de l'oranger et du bégonia, ainsi qu'aux fruits de plusieurs cactus.

VI - Utilités

1° Toutes les racines des beaux arbres sont recherchées par l'Ébénisterie, à cause de l'entrelacement des fibres qui détermine des dessins, réguliers ou bizarres : menuiserie, chauffage ; etc. 2° Racines comestibles les plus connues : carotte, panais, céleri, raifort, radis, navet, turneps, betterave, salsifis, scorsonère, carde. Pivot de la patate, tubercules du topinambour (à inuline), du manioc (à tapioca), de l'orchis (à salep), de l'asphodèle. 3° Médicinales : réglisse, guimauve, chicorée, chiendent, rhubarbe, jalap. 4° Couleurs : les racines de la Garance fournissent un principe rouge, l'Alizarine ; celles de la Gaude, une couleur jaune

---

4e Leçon

La Tige

I - Généralités

La Tige, partie ascendante du végétal, provient de la Tigelle de l'embryon, avide de lumière. Ce n'est pas un organe essentiel de nutrition ; c'est le support des bourgeons, d'où naissent les rameaux les feuilles et les fleurs. Elle est formée de tissu ligneux, fibro-vasculaire : les Fibres dures lui donnent la solidité nécessaire à un support ; et des Vaisseaux nombreux se prêtent à la circulation de la sève et des gaz.

Puisque la tige n'est pas essentielle, on comprend qu'elle soit très courte ou nulle dans les plantes acaules. Elle est herbacée chez les végétaux qui ne fructifient qu'une seule fois, – charnue, gonflée de sucs, dans les cactus et autres plantes grasses ; fistuleuse ou creuse chez le roseau, – noueuse avec cloisons résistantes dans les chaumes, ou pailles, et les bambous. La tige est articulée, avec rétrécissements faciles à rompre, chez l'oeillet, – sarmenteuse et grimpante dans le cep de vigne le chèvrefeuille, les lianes, les rotangs qui atteignent 300 m. Elle est volubile chez le houblon et le liseron : avec Vrilles chez le pois, Crampons pour le lierre, Ventouses chez la cuscute. Elle est rampante, avec bourgeons en Coulants, chez le fraisier.

Enfin, la tige est souterraine : avec Tubercules, garnis de bourgeons (yeux) dans la pomme de terre et l'igname ; avec bourgeons élancés chez le framboisier. Et elle se détruit, à mesure qu'elle s'allonge dans les Rhizômes de l'iris et du Sceau de Salomon ; les cicatrices révèlent l'emplacement des derniers bourgeons, ce qui permet de dire l'âge du rhizôme. Les monocotylédones ont souvent des rhizômes, ainsi que des Bulbes, végétaux en miniature, bourgeons mobiles, très commodes pour la multiplication des belles plantes : c'est l'oignon du lys, de la tulipe. On mange les bulbes de l'oignon, de l'ail, du poireau.

II. Aspect.

Tandis que l'Arbuste, ramifié dès sa base, s'allonge peu (lilas, noisetier), l'Arbre dicotylédone consiste en un tronc cônique, plus dur en son centre, le coeur, que sur le pourtour, aubier. La multiplicité des bourgeons subdivise ce tronc en branches et rameaux, dont l'ensemble grandit et grossit tout à la fois. Au contraire, les Stipes cylindriques écailleux, des Monocotylédones et des Fougères tropicales ne se ramifient pas, ne grossissent guère, mais durcissent sur le pourtour, et dressent de plus en plus haut leur couronne de larges palmes ou de frondes finement découpées. Ils ne possèdent donc qu'un seul bourgeon terminal et ils meurent quand on enlève ce bourgeon (chou-palmiste).

La disposition des branches et du feuillage donne à chaque espèce un Port spécial ; la variété de l'ensemble de nos forêts possède un charme auquel est sensible le voyageur qui revient du Mexique ou d'Afrique. Cette disposition fait trouver le chêne majestueux, le peuplier svelte, le saule pleureur. Chez les Conifères, l'horizontalité des branches et la persistance des feuilles donnent à ces Arbres verts, résineux, un aspect caractéristique : le sapin est conique, le pin élancé ; le cèdre mystérieux ; le cyprès, funèbre. Tableaux et gravures vulgarisent de plus en plus la Flore des différents pays. Ces palmiers, enfoncés dans une dépression sablonneuse, ce sont les dattiers d'une oasis du Sahara. Ces palmiers, plus sveltes encore, au pied desquels se dressent de grandes fougères, ce sont des cocotiers d'une île de l'Océanie. Ces candélabres de 20m sur un sol calciné sont les Cactus-Cierges de la Sonora mexicaine. Ce paysage d'Australie manque d'ombrage à cause de la verticalité des feuilles minces de l'eucalyptus et de l'acacia hétérophylle.

Bien plus, des Vues Idéales de la terre aux différents âges géologiques nous familiarisent avec les Flores disparues. On reconnaît l'époque triasique à l'abondance des gracieuses Cycadées. La période houillère vit régner les Cryptogames marécageuses, dont la carbonisation a produit la houille : Fougères, Annulaires, Astérophylles, que dominent des Lycopodes géants et des Prêles colossales : Lepidodendron, Sigillaire, Calamite.

III. Tronc des Dicotylédones

Les zônes concentriques, comptées à la base de l'arbre, permettent de dire son âge, parce que chacune d'elles représente l'accroissement annuel : autant de cercles, autant d'années. Les deux tissus sont répartis au sein de deux formations essentielles, le Bois et l'Ecorce, que sépare le Cambium générateur. 1° Bois. Au centre du bois, nous voyons : 1° la moëlle cellulaire, de plus en plus pressée, finissant par se dessécher et se détruire, alors qu'au début, presque seule, elle contenait de l'amidon, des cristaux. 2° L'Etui médullaire est caractérisé par l'abondance des trachées déroulables. 3° Le Bois proprement dit, de tissu ligneux, fibro-vasculaire. Dans chacune de ses zônes annuelles, les vaisseaux annelés dominent vers l'intérieur, et les gros tubes ponctués ou rayés s'entrelacent, à l'extérieur, avec les clostres. Primitivement rempli de liquides et de gaz, cet ensemble se dessèche et durcit, parce qu'il s'incruste de sclérogènes, et parce qu'il est pressé extérieurement par les nouvelles zônes du bois. Il en résulte 2 régions. Au centre, le Cœur, très dense homogène, sec, foncé dans le noyer, coloré dans l'acajou, recherché pour l'ébénisterie, les constructions, le chauffage. Au pourtour, l'Aubier, tendre, humide, blanc, se prêtant bien à l'ascension de la Sève. C'est la partie la plus facile à injecter quand on veut rendre le bois inaltérable, avec le vitriol bleu, ou l'acétate de fer, ce qui rend des bois vulgaires aussi résistants que les « essences » tenaces.

4° A travers les couches ligneuses on distingue de fines et nombreuses radiations cellulaires, les Rayons Médullaires, dont les premiers relient la moëlle au milieu de l'écorce (Couche Herbacée), et dont les suivants s'éloignent de plus en plus de la moëlle, parce qu'ils se forment en même temps que la zône ligneuse qu'ils doivent relier à l'écorce. Très nets sur le chêne; les rayons médullaires sont peu marqués sur le chataignier. Leur extrémité est le siège d'une activité intense: on y constate des dépôts de fécule et de sucre accumulés par la Sève Descendante. 5° La zône génératrice ou Cambium, cellulaire, foncée, visqueuse, gonflée de sucs albuminoïdes, représente la partie principale de la Sève élaborée. C'est la multiplication des cellules du Cambium qui forme chaque année 2 nouvelles couches stratifiées: une nouvelle zône d'aubier et une nouvelle d'écorce (liber). Au printemps, la mollesse du Cambium facilite l'enlèvement de l'écorce. C'est avec cette Zône génératrice que doit communiquer la greffe; c'est jusqu'à elle que s'enfoncent les racines des Parasites.

IV_ Ecorce.

Elle est constituée par 3 régions que protège un Epiderme. 1° Le Liber; ce nom indique de minces couches, feuilletées, aux longues fibres tenaces, dont on peut souvent faire du fil. Les fibres sont associées à des cellules gonflées de provisions: à des Vaisseaux Cribreux qui permettent la descente d'une portion de la sève nourricière, destinée aux racines; - et à des Laticifères. Parmi les fibres textiles, dont on fabrique du fil et des étoffes: le Lin, consacré aux dentelles et batistes; le Chanvre, moins fin, mais résistant; le Phormium tenace ou lin de la Nouvelle Zélande; les Orties de Chine qui donnent une soie végétale (Ramie et China-grass); le Broussonetia ou Mûrier à papier. Par le rouissage, on isole les fibres libériennes, séparées de la partie ligneuse ou chènevotte. Une multitude de végétaux servent à fabriquer des étoffes, du papier, des cordes, de la sparterie: Genêt d'Espagne ou Spartium, Alfa algérien, Stipa russe, Cocotier, Aloès, Tilleul, Bois-dentelle ou Laghetta de Taïti.

2° La Couche herbacée est cellulaire, verte, chlorophyllienne, et, par suite, riche en amidon. Elle renferme des vaisseaux laticifères. Elle est reliée par les Rayons Médullaires d'abord à la moëlle à la base de l'arbre; puis aux couches successives du bois. Plus encore que le liber, elle renferme des provisions de nourriture; c'est pourquoi elle est recherchée par les herbivores et, même, dans les régions polaires, par les humains. On utilise les écorces du quinquina et de la cannelle. On emploie pour tanner les peaux, fabriquer le cuir, les Tannins du chêne, du bouleau, du saule, du sumac. 3° Le Liège, ou Suber, est la zône protectrice, cellulaire, remplie d'air. Le liège est un excellent préservateur, parce qu'il est inaltérable et élastique. A partir de la 12e année, on extrait tous les 7 ans le Suber du Chêne-Liège, par grandes plaques, en respectant la couche herbacée. On considère les Aiguillons et les Lenticelles comme des dépendances du Suber. Cette région s'exfolie souvent et se crevasse, pressée par les couches sous-jacentes. Au sein du liber des Platanes naissent des formations subéreuses qui font éclater l'écorce, décortiquée ainsi profondément. 4° L'Epiderme est mince, transparent, à cellules rectangulaires très pressées, dont plusieurs se modifient en Poils et en Stomates. Il est revêtu d'une fine membrane, résineuse et grasse, parfois même enduite de cire, la Cuticule.

V- Stipe des Monocotylédones

Ce sont des tiges cylindriques, écailleuses, parfois s'évasant en plumeau, beaucoup plus minces à la base, dures sur le pourtour ; elles s'allongent de plus en plus, sans s'élargir et sans se ramifier. La vie est concentrée à l'extrémité, dans le bourgeon terminal qui s'épanouit en belles palmes. Pas de cambium, pas de zônes annelles concentriques, mais entrelacement des 2 tissus dans 2 régions. 1° au centre, une sorte de moëlle tendre ; le parenchyme cellulaire n'a pas cessé d'y dominer. Peu de faisceaux ligneux sont venus s'y intercaler, 2° à la périphérie, une région dure, parce que les vaisseaux fibro-vasculaires, à la fois bois et liber, s'y insinuent de plus en plus. Chaque faisceau ligneux part d'une feuille, et descend en perdant de ses éléments comme fait le rameau qui se continue, par rabattement, au sein du pétiole et des nervures de la feuille. Ce faisceau se dirige d'abord

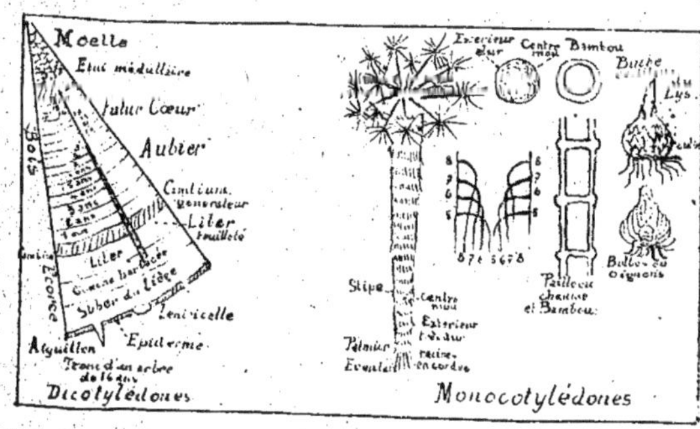

vers le centre du stipe ; puis il s'infléchit, traverse les faisceaux précédents, redevient externe par rapport à eux et, réduit aux fibres libériennes tenaces, il se perd dans l'écorce mince et ferme.

VI - Divers.

Les Gymnospermes sont privés de vaisseaux. La sève circule de proche en proche, à travers les Clostres aréolées : les perforations des aréoles étant deux à deux en regard. Les Thérébenthines qui rendent ces bois aromatiques, incorruptibles, hydrofuges et bons combustibles, sont contenues dans des tubes Sécréteurs fermés. On emploie ces beaux arbres pour mâts de navire, châlets, pilotis. Le cèdre était très recherché.

Nous avons entrevu les principales Utilités : constructions, chauffage, charbon de bois, fusains, libers textiles, quinquina, cannelle, tannins, liège. On confit l'angélique et le gingembre. Sucre de la canne. Sagou de plusieurs. Tubercules de la pomme de terre, de l'igname et du colocasia. Bulbes ou oignons. Rhizôme féculent du curcuma à arrow-root. Parmi les Couleurs : rouges et violets des bois de Campêche, de Brésil, de Santal ; couleur jaune du Quercitron, ou chêne noir, et du Morin ou mûrier jaune.

5e Leçon

La Feuille

I - Introduction.

La Feuille provient d'un bourgeon. Le végétal porte deux sortes de bourgeons : les uns, ovales, logent les boutons qui s'épanouiront en fleurs et en fruits ; les autres, pointus, minces, produisent les rameaux et les feuilles. Pour renforcer les premiers, le jardinier supprime une partie des seconds (Eborgnage). En général, les bourgeons naissent à l'aisselle des feuilles précédentes ou à l'extrémité des branches. Ceux qui poussent au printemps sont nus, parce qu'ils vont s'épanouir de suite ; ceux qui naissent à l'automne sont écailleux, vernis et couverts de duvet. Ils se prêtent bien au greffage ; parfois, on peut les semer comme des graines ou des bulbes. On nomme Adventifs ceux qui se forment accidentellement à une place quelconque ; tailler un saule en têtards, c'est déterminer, en le blessant à la tête, une couronne de bourgeons adventifs qui s'allongent en rameaux flexibles, que le vannier utilise ou que le jardinier bouture.

II - Généralités

La feuille nourrit le végétal en formant de l'amidon et du sucre sous l'influence du soleil. En effet, pendant le jour, elle décompose le gaz carbonique, rejette l'oxygène bienfaisant ; et conserve le carbone, qui s'unit à l'eau des tissus pour former de l'amidon et du sucre. La feuille exhale énormément de vapeur d'eau. Elle respire, la nuit, comme les animaux. Elle sert de bouclier protecteur aux bourgeons, qui naissent à son aisselle, et, par suite, aux fleurs et aux fruits. Après sa chute, elle garantit contre le froid et les racines et les graines, et elle contribue à les nourrir en se décomposant. Enfin, ce sont des modifications de la feuille qui constituent de nombreux organes, les uns moins importants qu'elle (Epines, Vrilles, Phyllodes, Ecailles, Stipules, Ligules), les autres de plus en plus supérieurs, puisqu'ils forment la fleur : Bractées, Sépales, Pétales, Etamines, Carpelles de l'ovaire, Cotylédons de l'embryon (Goëthe)

Une feuille est composée, d'abord, d'un Pétiole qui représente le rabattement du rameau ; il s'attache sur un renflement, le Nœud. Sa base, la Gaîne, peut s'épanouir en languettes vertes, les Stipules.

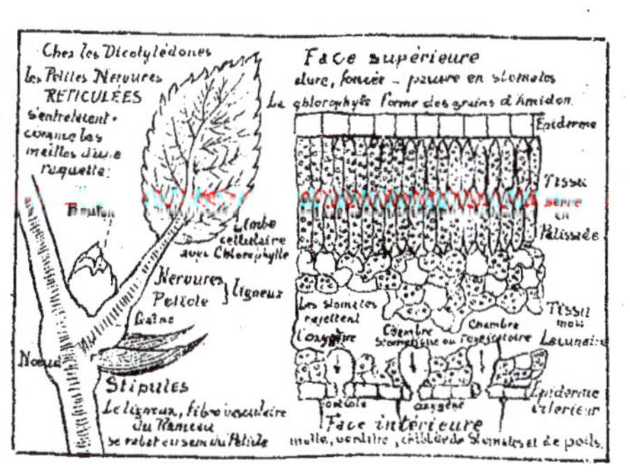

Le pétiole se continue par de fines Nervures qui rappellent les mailles d'une raquette afin de soutenir la 2e région de la feuille. C'est le Limbe, parenchyme cellulaire dont le plasma est coloré en vert par des granules ou une gelée de Chlorophylle (Chloros, vert ; Phullon, feuille) La face supérieure, tournée vers la lumière, est plus foncée et plus dure que la face inférieure, criblée de bouches d'exhalation pour le rejet de l'oxygène, les Stomates (Stoma ; bouche). En moyenne 9000 stomates par centimètre carré. Chacun d'eux est une boutonnière, formée par les 2 moitiés, contournées en rein, d'une cellule de l'épiderme. L'Ostiole d'entrée communique par un canal rétréci, avec une Antichambre et une Chambre respiratoire. La face supérieure est dure et foncée, composée de quelques rangs de grandes cellules, pressées en palissade ; la face inférieure, tendre et claire, est formée d'un tissu lacunaire, cellules irrégulières, séparées par des lacunes qui communiquent avec les stomates. – Pétiole et nervures sont le prolongement du rameau ; le rabattement du ligneux perd peu à peu de ses éléments externes, de sorte qu'il se réduit dans les nervures terminales à la région interne, l'étui médullaire, aux trachées déroulables. Au contraire, dans la descente du ligneux des stipes monocotylédones, ce sont les éléments internes qui disparaissent progressivement, de sorte que la région externe persiste seule, le liber.

III – Nervures

Les plus grosses sont surnommées Côtes. Chez les Dicotylédones les grandes nervures secondaires sont disposées comme les barbes d'une plume et dites Pennées, – ou bien étalées comme les doigts d'un palmipède, et dites Palmées. En outre, les ramifications des petites nervures enchevêtrées comme les mailles d'une raquette, sont Réticulées.

Chez les Monocotylédones ces Réticulations sont rares ; la feuille, d'ordinaire très allongée, présente de grandes nervures parallèles ou ovales ; elle est dite Rectinerviée ou Curvinerviée. Les palmes se subdivisent facilement en longs filaments, dont on confectionne mille objets utiles : nattes, paniers, chapeaux. On reconnaît les Gymnospermes à la résistance de leurs feuilles pointues et sombres, qui les ont fait surnommer Arbres verts. Les belles Frondes des Fougères, finement découpées, portent des organes de multiplication (Spores), tandis que la feuille ne porte jamais rien, comme la racine, tant leur rôle est important à toutes deux. Les frondes sont d'abord roulées en crosse. On emploie comme gazon, dans les serres, le frais feuillage d'un lycopode, la Sélaginelle, type de la parfaite dichotomie ou subdivision binaire de deux en deux. Les Mousses ont de petites écailles vertes. On nomme Thalle l'épanouissement des Lichens et des Algues.

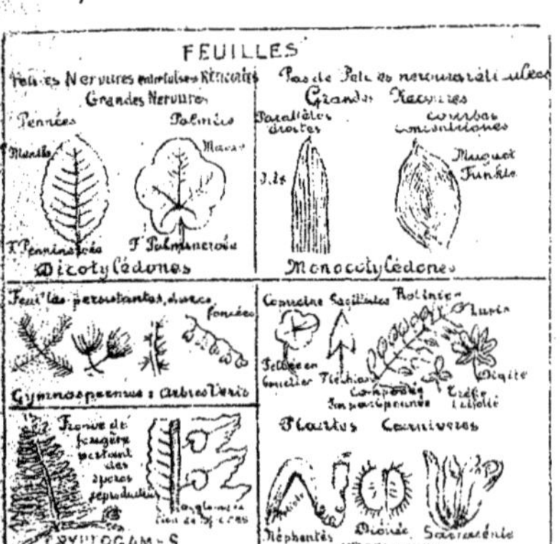

IV- Formes.

Suivant que le Limbe est ou n'est pas indivis, on nomme la feuille entière ou découpée et, dans le second cas, d'après la profondeur des échancrures, on la dit dentée, crénelée, lobée, multifide, multipartite, séquée. Enfin arrive un degré de subdivision tel que, cessant d'être simple, la feuille devient composée ; un axe commun, le rachis, porte de nombreuses Folioles, ayant chacune son pétiolule, et présentant un arrangement soit penné, soit digité. Parfois cette décomposition est double ; la Sensitive se replie, se rabat au moindre contact. Dans le Marronnier d'Inde, chaque foliole est pennée, et l'ensemble digité. Le Phyllode de l'acacia australien est un pétiole élargi, sans limbe. Les plantes Carnivores s'emparent de petites proies avec leurs feuilles disposées en piège, ou en cornet, et elles les digèrent en secrétant une sorte de suc gastrique. Au contact d'un insecte, la Dionée attrape-mouches rapproche les deux moitiés de sa feuille, bordées d'épines, et garnies chacune de trois poils sensibles. Le Drosera enlace ses victimes et les englue dans ses poils glanduleux. Les Utriculaire, Grassette, Céphalotus, la Sarracénie aux amphores, le Népenthès en pipe, digèrent les proies attirées, et noyées, dans leurs urnes, où distille d'abord un nectar, - qui sera remplacé par une humeur corrosive, à pepsine. Darwin a constaté que le Drosera produit de meilleures graines lorsqu'on lui a fait manger de la viande !

On décalque aisément les feuilles, pour former de jolis albums. On les photographie. J'ai publié un petit ouvrage sur la Feuille qui renferme des Planches colorées par le bain photographique.

En vous invitant à faire un herbier très simple, sans la moindre prétention scientifique, je vous recommande de joindre toujours la feuille à la fleur ; autant que possible le végétal complet.

V- Arrangement.

La disposition sur le rameau est très régulière. 1° Les feuilles opposées sont situées en regard, deux à deux : lilas ; coléus aux belles panachures. Chaque série alterne avec la suivante, ce qui détermine une disposition en croix. Lorsqu'il y a plus de deux feuilles insérées sur le même noeud, elles sont dites Verticillées. 2° Les feuilles alternes, attachées sur des noeuds différents, sont régulièrement spiralées. Un nombre constant de feuilles sépare chacune d'elles de celle qui est placée verticalement au-dessus, ou au-dessous, si l'on suit la courbe de la spirale. Cette disposition, le Cycle, est représentée par une fraction dont le numérateur indique combien il faut tourner de fois autour du rameau, et le dénominateur le nombre de feuilles que l'on rencontre, pour atteindre celle qui est juste au-dessous du point de départ adopté. Donc Cycle = $\frac{\text{Nombre de Spires}}{\text{Nombre de feuilles}}$. Les cycles ordinaires sont $\frac{1}{2}$, orme) $\frac{1}{3}$ (aulne) $\frac{2}{5}$ (cerisier) $\frac{3}{8}$, $\frac{5}{13}$, $\frac{8}{21}$ (mousses). Ainsi: dire que le cycle du cerisier est $\frac{2}{5}$ c'est dire qu'il faut tourner 2 fois autour de la branche, pour arriver, après avoir rencontré 5 feuilles au n° 6 placé exactement au-dessus du n° 1, tout comme le n° 7 est au-dessous du n° 2. On remarquera que chaque fraction, à partir de la 3e, peut être obtenue en additionnant les 2 derniers numérateurs et dénominateurs. Ainsi: $\frac{5}{13} = \frac{2+3}{5+8}$.

VI - Fonction diurne.

Sous l'influence du soleil, la Chlorophylle décompose le gaz carbonique de l'atmosphère, elle le réduit; elle rejette une partie de l'oxygène par les stomates, et elle fixe le carbone qui forme de l'amidon et du sucre en s'unissant à l'eau du végétal $CO^2 = C + 2O$. Ce sucre ou glucose, très soluble, attire la sève aqueuse avec une force qui redresse le pétiole au commencement de la nuit: la feuille prend une attitude dite, à tort, sommeillante. Puis le sucre s'étant dissous, la sève redescend, le pétiole cesse d'être rigide, et la feuille semble s'épanouir au lever du soleil. Les plantes peuvent-elles se passer des 0,0004 de gaz CO^2 que contient l'atmosphère? Si l'on fait arriver dans une serre un air filtré, qui s'est débarrassé de son gaz CO^2 en passant dans de l'eau de chaux, les végétaux meurent en quelques jours. Une seule famille est à l'abri, parce qu'elle n'a jamais de chlorophylle: les champignons. Aussi ne produisent-ils ni amidon, ni sucre.

Pour se former et pour fonctionner, la Chlorophylle a besoin de lumière et de fer; sinon, dans les deux cas, la feuille pâlit, la plante s'étiole. C'est une chlorose végétale qui rappelle la chlorose animale: pauvreté du sang en globules, anémie que révèle la pâleur verdâtre du visage. On les combat toutes deux par les ferrugineux et l'exposition au soleil. On démontre facilement la fonction diurne de la chlorophylle, son rejet de gaz oxygène. Remplissez d'Eau de Seltz une carafe; plongez-y des feuilles; retournez le goulot dans un verre plein d'eau; exposez au soleil; vous constaterez un dégagement gazeux, et ce gaz rallumera une bougie offrant quelques points incandescents. Donc le gaz CO^2 de l'Eau de Seltz a fait place au gaz comburant, à l'oxygène. On éteindra plusieurs fois dans CO^2, et l'on rallumera chaque fois dans l'oxygène. Ainsi les Feuilles purifient l'atmosphère au profit du Règne Animal, car elles décomposent 20 fois plus de gaz CO^2 pendant le jour, qu'elles n'en rejettent durant la nuit, lorsque la Respiration proprement dite reprend son cours. Après avoir recherché, dans la journée, l'atmosphère ozonisée des jardins, des parcs, de la campagne, on bannira les végétaux de la chambre à coucher, fussent-ils sans odeur.

VII_ Transpiration

Les plantes exhalent énormément d'eau, surtout par leurs feuilles, et pendant le jour. Cette évaporation détermine un appel qui contribue à attirer la sève. Elle équivaut à celle d'une égale surface d'eau. En 24 heures la feuille perd son propre poids de ce liquide ; un arbre ordinaire exhale au moins 20 litres d'eau. Les vapeurs dégagées par les prairies contribuent à former la Rosée, et l'on voit sortir les nuages des flancs d'une montagne boisée. En déboisant des régions fertiles, on les a ruinées (Sicile, Californie) car les forêts emmagasinent l'eau dans leur abondant terreau ; leurs racines immobilisent le sol ; leurs tiges arrêtent les blocs entraînés et les avalanches. En général, la feuille jaunit à l'automne et tombe en hiver. Celles du chêne sont dites marcescentes : desséchées par le froid, elles ne tombent qu'au printemps. Les feuilles demeurent vertes en hiver chez le buis, le laurier, l'iris ; elles persistent plusieurs années chez les Conifères ou Arbres Verts (12 ans sur le sapin) à l'exception du Mélèze.

VIII_ Utilités

1° Feuilles comestibles : Salades, chou, céleri, épinard, oseille, carde, poirée, pourpier. 2° Condiments et Remèdes : Persil, cerfeuil, thym, sauge, menthe, mélisse, verveine, laurier, eucalyptus. Thé. Coca, maté, fougères. 3° Fourrages. Les graminées qui forment le foin des prairies naturelles, et les légumineuses qui constituent le fourrage des prairies artificielles : trèfle, luzerne, sainfoin. Feuilles de carotte, navet, betterave. Mûrier. 4° Couleurs. Indigo de l'indigotier et du pastel ; gaude et sumac. 5° Textiles. Presque toutes les grandes feuilles des monocotylédones, aux longues nervures parallèles, papyrus ou parchemin des anciens, Agavé, chanvre de manille, crin végétal du tillandsia. 6° Divers. Feuilles du tabac, cire parfumée d'un palmier américain. Superbes feuilles colorées, panachées, des coléus, caladium, bégonia.

IX_ Mouvements.

Certains organes végétaux accomplissent des mouvements. Une racine cultivée dans un sol médiocre passera par dessous le mur pour aller chercher sa nourriture à côté. Quand les étamines sont mûres, au moment où le pollen éclate, d'utiles mouvements s'effectuent. Rien de plus mystérieux que l'obstination de la gemmule à rechercher la lumière, alors que la radicule s'enfonce dans l'obscurité. Beaucoup de corolles prennent le soir, une attitude sommeillante, pour se rouvrir le lendemain et, parfois à une heure déterminée ; telle est la Dame d'onze heures et le Souci d'Afrique qui s'ouvre à sept heures et se ferme à quatre heures. Certaines fleurs acclimatées font l'inverse, fermées le jour, ouvertes la nuit. Les Héliotropiques suivent le soleil, parce que leur tige s'incline, affaiblie, de son côté par l'évaporation de la sève : Héliotrope, tournesol.

Mais ce sont les feuilles qui présentent le maximum de mouvements. Elles semblent s'épanouir le matin et se replier le soir. En réalité, elles pendent horizontales dans la journée, par affaissement, et elles se redressent durant la première moitié de la nuit, parce que la sève afflue dans le pétiole, pour dissoudre le sucre (glucose) formé pendant le jour. Quand on détourne une feuille de sa position normale, elle se retourne en peu de temps. Les feuilles Composées de la famille des Papilionacées acacia, lupin, ont des mouvements très accusés. Le Sainfoin du Bengale est une sorte de cadran solaire : sa grande foliole suit le soleil et les deux petites, latérales, s'élèvent et s'abaissent, l'une après l'autre en deux ou trois minutes, aussi bien la nuit que le jour, par des saccades qui battent quelquefois la seconde. Pendant une éclipse, feuilles et fleurs prennent leur attitude nocturne. On peut les maintenir éveillées avec la lumière électrique.

Au moindre contact, la Sensitive se replie. Ses folioles s'imbriquent comme les tuiles d'un toit, et les pétiolules se rapprochent de l'axe central qui s'abaisse. Sanderson a décrit le mécanisme de ce mouvement. Les brûlures du feu ou d'un acide, l'ébranlement d'une voiture, un bruit violent produisent le même effet. On endort la sensitive comme les animaux, avec l'éther, le chloroforme, et autres Anesthésiques. Alors elle ne se contracte plus quand on la touche, mais elle se ferme comme d'habitude, au coucher du soleil. Plus curieuses encore sont les Plantes Carnivores.

6e Leçon

La Sève _ L'Inflorescence.

I _ La Sève.

C'est le liquide nourricier, comparable au sang. La Sève entretient et accroît le végétal ; elle développe les bourgeons et les fruits ; elle forme chaque année, par l'intermédiaire du cambium, une nouvelle couche de bois et une nouvelle d'écorce, dans les arbres de nos pays (dicotylédones). Certaines sèves, comme celle du papayer, sont aussi riches que le sang en matériaux nutritifs. Les différences principales consistent en ce que la formation et la circulation de la Sève sont restreintes à la belle saison et, d'autre part, en ce que la sève ne produit pas ce continuel rajeunissement que le sang accomplit dans les animaux. L'eau absorbée par les racines, avec les principes dessous, constitue la Sève brute, aqueuse, que des échanges continuels rendent de plus en plus épaisse et nutritive, à mesure qu'elle s'élève dans l'aubier. Le liquide achève son élaboration dans les feuilles qui l'enrichissent en amidon et en sucre, et lui permettent d'exhaler énormément d'eau. Il constitue alors la Sève nourricière qui va former de nouveaux tissus, et les remplir de provisions utiles. Une partie de cette sève élaborée nourrit sur place le végétal. Une autre enrichit le Cambium, surtout en principes albumineux. Une troisième où dominent les fécules et les huiles, redescend dans l'écorce à travers les tubes Cribreux du liber, pour nourrir les régions inférieures, grâce aux rayons médullaires, et pour entretenir la racine. Une dernière contribue à former des réserves liquides, latex, mannes, gommes, térébenthines. Ainsi la sève aqueuse est nettement ascendante à travers l'aubier, et une portion restreinte de la sève élaborée est descendante dans l'écorce. Quand on lie fortement une branche, il se forme au-dessous de la ligature un bourrelet, par arrêt de la sève descendante. Les régions inférieures deviendraient maladives. Si l'on blesse ce bourrelet, la sève s'écoule, et elle est prête à former des racines adventives au contact de la terre (le Marcottage).

II_ Ascension printanière

La sève aqueuse s'élève des racines aux feuilles, à travers les dernières zones de l'aubier. Vaisseaux et fibres conductrices se prêtent particulièrement à cette ascension printanière, mais les clastres en fuseau, et les files de cellules peuvent y participer. Un saule que la vieillesse a creusé continue de vivre tant qu'il possède quelques faisceaux d'aubier. Le peuplier de l'Arquebuse, à Dijon, se porte à merveille, bien que sa base soit très excavée ; âgé de 500 ans, il dépasse 40 mètres. L'élévation de la sève s'opère au réveil de la belle saison ; elle se ralentit en été quand le rôle du fluide nourricier est terminé, alors que les fruits ont mûri, que les feuilles vont tomber et que les bourgeons de la prochaine année ne demandent qu'à sommeiller. Aussi les Vaisseaux ne renferment-ils que des Gaz au commencement de l'automne. Lorsque cette saison est trop chaude, une certaine reprise de la sève fait éclore prématurément quelques bourgeons ; puis l'hiver vient condamner les plantes à la léthargie. Dans la zône tropicale et dans nos serres, le mouvement de la sève est presque continu. Près de l'Equateur, l'ascension augmente d'intensité au renouvellement de la lune, de sorte que le tronc de certaines dicotylédones présente 12 zônes mensuelles, à la place d'une seule zône annuelle.

La force d'ascension de la sève est énorme au printemps. Elle produit les Pleurs de la vigne quand on taille ce végétal avant l'épanouissement de ses bourgeons, ainsi que les larmes des nombreuses plantes tropicales : colocasia, caesalpinia. Un manomètre installé par Hales sur le tronc d'un arbuste coupé, montre que l'ascension de la sève peut soulever une colonne de mercure de plus de 2 mètres, (soit 13×2 = 26^m d'eau). Le docteur Boucherie a utilisé l'Aspiration produite par cette ascension, pour injecter des arbres, soit debout, soit récemment abattus, avec le vitriol bleu ou l'acétate de fer. L'aubier est pénétré très rapidement. De la sorte, des bois faibles, blancs, le peuplier, le saule, le platane, l'orme devenus aussi tenaces que le chêne et le noyer, conviennent plus spécialement pour les traverses de chemin de fer et les poteaux télégraphiques. MM. Renard et Perrin injectent avec des matières colorantes, pour que les bois deviennent propres aux besoins de l'ébénisterie. Ce mode d'injection produit de jolis effets quand on plonge la racine d'une fleur blanche dans certaines couleurs. Pour que les plantes d'un herbier bravent la destruction du temps, et la morsure des insectes, on leur fait absorber un poison redoutable, le sublimé corrosif. On explique l'ascension de la sève par bien des raisons : l'appel produit par l'évaporation dans les feuilles, l'appel vital des bourgeons et des fleurs, la capillarité des tissus végétaux, la pression atmosphérique, et l'Osmose.

L'Osmose ou Dialyse est une pénétration mutuelle qui fait que la sève aqueuse des racines tend à se mêler à la sève épaisse des rameaux et des feuilles. Voici l'Endosmomètre de Dutrochet : Une vessie pleine d'eau sucrée et gommeuse, est surmontée d'un long tube ; on la plonge dans l'eau pure ; et l'on voit bientôt l'eau pure, pénétrant à travers la membrane, se mêler au liquide épais, et monter avec lui de plusieurs mètres dans le tube.

III – Utilités

Toutes les sèves sont sucrées. La consommation utilise les plus riches. 1° La Canne est un roseau, dont le jus contient 20% du plus beau sucre. La fermentation des résidus donne le rhum. 2° L'Erable du Canada contient 3% d'un sucre difficile à raffiner, et dont, cependant on consomme 60 mille tonnes par an. 3° Les Palmiers fournissent le double. Leur sève rafraîchissante se transforme en un vin pétillant, puis en une bière exquise. On extrait cette sève en blessant le bourgeon terminal, dont on supprime la plupart des palmes. La sève de l'Agave mexicain sert de vin, et produit une eau-de-vie.

Les Dérivés de la sève sont très utiles : Téribenthines des Conifères, Manne de l'Orne, Gommes des acacias ; et les Latex : opium, thridace, gutta-percha, nombreux caoutchoucs (figuier, élastique, siphonia, jatropha, parmélia, lobélia, etc).

IV – La Greffe

Deux mots sur cette question : le greffage consiste à incorporer sur un sujet robuste, parfois sauvage, une portion d'un végétal précieux par sa beauté ou son utilité. Nous lui devons nos meilleurs fruits. Nos départements phylloxérés reconstituent leurs vignobles en greffant les meilleurs plants de France sur de vigoureux ceps d'Amérique. Que ce soit une portion de rameau, ou d'écorce, le greffon doit porter au moins un Bourgeon ; on l'insère profondément sur le sauvageon, de manière à fusioner les deux cambiums (greffe en écusson, sifflet, et greffe par approche).

La Fleur

I – Inflorescence

C'est le mode de groupement des fleurs sur le rameau. Les fleurs sont dites solitaires quand elles sont séparées les unes des autres par une feuille : pensée, violette. Elles sont dites groupées lorsqu'elles sont séparées par une bractée, ou feuille florale. L'inflorescence est simple si les fleurs s'attachent directement au rameau, et elle est composée si elles s'attachent indirectement à cet Axe Primaire, par des axes secondaires, tertiaires, etc. Elle est définie quand l'axe et ses subdivisions se terminent par une fleur qui limite leur développement; et l'inflorescence est indéfinie dans le cas contraire.

Grappe simple Groseille — G. Composée Raisin — En Ombelle — En corymbe Poirier — Capitule Marguerite — Plantain — Epi. — Blé — Sycône Figue

Ainsi une inflorescence indéfinie n'est pas limitée, parce que l'axe primaire n'est pas terminé par une fleur; tels sont: 1º La Grappe, bien régulière, aux pédoncules égaux, et également espacés; soit simple (Groseillier), soit composée (Raisin). La grappe un peu renflée du lilas est le Thyrse. 2º Le Corymbe ou « grappe raccourcie » dont les pédoncules inégaux atteignent horizontalement le même plan, soit simple (Poirier), soit composé (Alisier). 3º L'Ombelle: sur son axe très court divergent des pédoncules égaux; bref en ombrelle soit simple (prunier, ail) soit composée (persil et autres Ombellifères). 4º Le Capitule dont le plateau porte des centaines de petites fleurs sessiles, c'est-à-dire sans pédoncule; comme le montre le bleuet, la marguerite, la chicorée, bref toute la famille des Composées. Ainsi un dahlia n'est pas une fleur, c'est la réunion d'une multitude de fleurs. 5º L'Epi est une grappe de fleurs sessiles, sans pédoncules; simple dans la verveine, composé chez le blé. De même que l'ombelle composée du cerfeuil est formée de plusieurs Ombellules, de même l'épi composé des céréales est formé d'Epillets. 6º Le Chaton est un épi unisexué, formé de fleurs incomplètes; les unes à étamines, les autres à pistils. Ce nom de Chaton indique qu'il est protégé par un duvet. Les plus beaux arbres de nos forêts ont des chatons; voici le chaton à étamines du chêne, le chaton à pistils du saule (Amentacées, de Amenta, chatons) 7º Le Spadice des monocotylédones est une sorte de chaton complexe, protégé par une bractée membraneuse ou Spathe, roulée en cornet. Le spadice du dattier est ramifié; c'est lui qui forme le « régime » de dattes. Celui de l'Arum (Gouet, Pied de veau) est simple; l'axe porte à sa base une agglomération de pistils, puis une série d'étamines, ensuite des filets d'étamines sans anthère (staminodes stériles), enfin une masse jaune, gonflée de provisions pour l'épanouissement de cette inflorescence, et le tout est enveloppé dans une belle spathe, cornet du blanc le plus pur.

Une inflorescence définie est limitée, parce que son axe primaire, et les autres, se terminent par une fleur. On la surnomme Cyme. Quand la subdivision des axes se fait de 2 en 2, la cyme est dichotome : œillet, centaurée. Elle peut être trichotome. Le plus souvent l'avortement de certains axes détermine une torsion en hélice ou en scorpion ; c'est la cyme scorpioïde du myosotis et de l'héliotrope ; hélicoïde du phormium tenace. Le glomérule est une cyme de fleurs sessiles : Lamier et d'autres labiées. Ce qui domine, ce sont les associations des modes précédents, les inflorescences Mixtes ; ainsi le Sureau a une ombelle de cymes ; le Lierre offre une grappe d'ombelles ; le Marronnier d'Inde un thyrse de cymes ; l'Achillée un corymbe de capitules. La figue et le dorstenia ont des capitules (creux) de glomérules ou Sycônes.

7e Leçon

Suite de la Fleur. La Corolle.

II - Ensemble.

La fleur devient fruit, et celui-ci abrite les graines. Elle assure donc la perpétuité des plantes. Elle est l'organe de la reproduction, sauf chez les Cryptogames qui n'en ont pas. On nomme Phanérogames les végétaux pourvus de fleurs. Au début du Cours nous avons examiné une fleur complète (fig. I), elle est formée de quatre sortes d'organes, disposés en cercles ou Verticilles. Au centre les deux Verticilles Essentiels, pistils et étamines ; au pourtour, les deux Verticilles secondaires, corolle et calice. 1° Chaque Pistil présente un ovaire, un style, un stigmate ; il est formé de feuilles modifiées, enroulées en cornet, les Carpelles. Souvent le nombre des carpelles est indiqué par le nombre des loges de l'ovaire, mais les cloisons peuvent disparaître. L'Ovaire abrite les œufs végétaux ou ovules, que le contact du pollen transformera en graines. 2° Les Etamines forment un verticille, ou plusieurs. Quand elles sont mûres, les anthères s'ouvrent, et leur Pollen tombant sur le stigmate, traverse le style, et féconde les ovules ; ceux-ci deviennent des graines, et l'ovaire qui les abrite devient un fruit.

De magnifiques végétaux n'ont que ces deux sortes d'organes, et, d'ordinaire séparés : on les nomme Diclines. C'est le cas des Gymnospermes, à ovules nus, et des grands arbres de nos forêts. Les Amentacées, à chatons. La fleur mâle du Pin consiste en deux anthères sur une bractée ; la fleur femelle se compose de deux ovules nus. Le chêne, le saule, ont, pour constituer leurs chatons, soit plusieurs étamines entourées d'une collerette de bractées, soit quelques pistils abrités dans un calice très simple.

Les deux autres Verticilles de la fleur, corolle formée de Pétales, calice formé de Sépales, sont de simples protecteurs désignés sous le nom d'Enveloppes Florales ou de Périanthe (Péri, autour ; Anthos, fleur). Nous venons de voir que la corolle manque au chêne et au pin ; ils sont dits Apétales. Les quatre verticilles d'une fleur complète alternent deux à deux : ainsi les pétales alternent avec les pistils ou avec les loges de l'ovaire. Des coupes horizontales ou diagrammes, indiquent ces alternances. S'il n'y a qu'une seule Enveloppe Florale, on considère ce Périanthe comme un calice, lorsque ses divisions sont opposées aux étamines (aristoloche) ; et comme une corolle lorsque ses divisions alternent avec les étamines (garance). S'il est brillant, le Périanthe est dit pétaloïde ; s'il est vert ou verdâtre, sépaloïde (palmier).

Les quatre organes des fleurs sont des feuilles modifiées. Cela est presque évident pour les sépales verts, et pour chaque loge d'ovaire qui ressemble à un cornet verdâtre, enroulé, ou Carpelle. L'examen des tissus démontre cette analogie. Les nervures d'un pétale sont formées, comme celles des feuilles, de longues cellules et de trachées déroulables. L'onglet allongé des œillets représente un pétiole, et la lame est nommée limbe. L'épiderme extérieur d'un sépale est aussi riche en stomates que l'épiderme inférieur des feuilles. Le nénuphar nous offre tous les degrés de cette métamorphose. Ascendante, depuis la feuille et la bractée jusqu'aux étamines ; d'autant mieux que ces organes sont disposés en spirale, et non en verticilles : et, réciproquement, nous voyons les soins du jardinage convertir en pétales les nombreuses étamines d'espèces sauvages, ce qui produit des Fleurs doubles et infertiles : rose, œillet, pivoine.

III - Annexes.

Avant d'étudier les quatre verticilles essentiels de la fleur, quelques mots sur d'autres verticilles très secondaires. 1° Bractée ou Feuille Florale. C'est une feuille dure, écailleuse qui protège le bouton placé à son aisselle et, parfois, la fleur elle-même. Plusieurs bractées s'associent en collerette, et ce verticille constitue le Calicule de l'œillet, l'Involucre de la fraise, la Cupule du gland, l'Induvie de la chataigne. Ce que nous mangeons dans l'artichaut, ce sont les bractées et le plateau, gorgés de provisions destinées à l'inflorescence, que l'on rejette sous le nom de foin. Les bractées écailleuses des Conifères forment le Cône du sapin, la Pomme du pin, le Galbule du cyprès, qui abritent des bractées membraneuses, à la base desquelles sont les étamines ou les ovules. Les fleurs pistillées du houblon sont placées à la base de bractées qui forment des cônes parcheminés, saupoudrés d'une poudre jaune; elle sert à conserver et aromatiser la bière, fabriquée avec l'orge. Chez les monocotylédones, la bractée se contourne en un cornet protecteur ou Spathe, très beau dans l'arum cultivé: iris, ail, palmier. Les bractées des céréales leur tiennent lieu de calice et de corolle: glumes, glumelles, glumellules: de là leur surnom de Glumacées.

2° Réceptacle ou Plateau (torus, thalamus). Il s'élargit beaucoup pour former le Capitule, ensemble de fleurs sessiles, des Composées: dahlia, bleuet. C'est lui qui constitue la fraise succulente, chargée de petits fruits secs et noirs. Il se creuse en coupe dans le fruit de la rose, et davantage encore chez le figuier où il devient charnu. La figue est un réceptacle contourné, succulent, au sein duquel sont renfermés les fruits: Sycone. Dans « la Fleur de la Passion », le réceptacle s'allonge de manière à espacer les quatre verticilles; les trois styles représentent les Clous; les pétales colorés la Couronne; la bractée pointue figure une Lance et la vrille un Fouet. 3° Disque. On voit parfois se former tardivement, à la base des étamines, un disque qui se gonfle des provisions destinées aux ovules. Il peut être bordé de glandes, dites Nectaires qui sécrètent le nectar dont l'abeille compose le miel.

IV_ Utilités

Si nous admirons la plupart des fleurs, nous n'en utilisons qu'un petit nombre, et plutôt pour préparer des infusions calmantes ou sudorifiques: camomille, arnica, sureau, bourrache, pulmonaire, citronnelle, violette, oranger, tilleul, mauve, pavot, coquelicot. Les Stigmates jaunes du Safran servent de condiment (avec le poisson et le riz) et fournissent une couleur tinctoriale. Le clou de girofle est le bouton du Giroflier des Moluques. La parfumerie distille le jasmin, la rose musquée. Le pharmacien, la rose de Provins (rosa gallica). La teinturerie emploie la couleur rouge du Carthame et de la Grenade.

V_ Symétrie florale.

On reconnait une fleur de Dicotylédone à 2 caractères: le calice est vert ; la symétrie est 5 ou 4. C'est dire que, dans chaque verticille, on compte le plus souvent 5 organes, ou un multiple simple tel que 10 : ainsi le Lin possède 5 sépales, 5 pétales, 5 étamines, un pistil de 5 carpelles, un ovaire de 5 loges : telle est la Symétrie quinaire. Sinon, le dicotylédone aura la Symétrie quaternaire ; le houx possède 4 sépales, 4 pétales, 4 étamines, 4 carpelles ; ou sinon 4, un multiple simple, tel que 8, 12. Certes il y a des exceptions : le calice du fuchsia est coloré, et non pas vert, etc.

On reconnaît une fleur Monocotylédone à 2 caractères : le calice est coloré comme la corolle, et la symétrie est 3 ; ternaire : soit 3 soit un multiple simple tel que 6, 12. Ainsi l'iris a 3 sépales colorés, 3 pétales de même couleur, 3 étamines, un pistil de 3 carpelles qui se terminent par 3 grands stigmates pétaloïdes, larges et colorés comme des pétales. Le lys a 3 sépales blancs, 3 pétales blancs, 6 étamines, un ovaire de 3 loges avec 6 rangs d'ovules ; il est le type de ce que l'on nomme Corolle Liliacée. Bref les 6 divisions du Périanthe se ressemblent beaucoup les 3 externes représentent le calice, les 3 internes la corolle, et le Périanthe est dit Unicolore : tulipe, jacinthe, yucca, muguet, narcisse, palmiers. Assurément, il y a des exceptions, le calice du tradescantia est vert, etc.

VI - Calice

Le premier verticille protecteur est formé de sépales, verts chez les dicotylédones, colorés chez les monocotylédones. Quand les sépales sont soudés, le calice est dit Monosépale ou Gamosépale (gamos, soudure) et quand les sépales sont libres, le calice est nommé Polysépale ou Dialysépale (Dialuein, séparer). La vigne n'a presque pas de calice, la garance n'en a pas. C'est lui qui forme 5 petites dents vertes sur l'oeil de la pomme, et qui entoure le coqueret d'un large sac « induvie ». Les 2 sépales du coquelicot sont caducs, ils tombent de bonne heure. On remarque l'éperon de la capucine et du pied d'alouette, le casque bleu de l'aconit, et celui de l'aristoloche qui sert de coiffure dans l'Amérique du Nord.

VII - Corolle

Cette deuxième enveloppe protectrice est brillante et parfumée, afin d'attirer les insectes qui transportent le pollen sur les stigmates. Alors, devenue inutile, elle peut tomber, formant dans nos vergers la neige odorante du printemps. A titre exceptionnel, on cite la persistance des corolles desséchées, Marcescentes, des bruyères et des campanules. L'éclosion des corolles s'accomplit à des époques déterminées, et presque à heure fixe. Plusieurs, dites Sommeillantes, se ferment le soir pour se rouvrir le matin : paquerette anémone, colchique, souci. Les fleurs Héliotropiques suivent le cours du soleil héliotrope, tournesol; le cactus « à grandes fleurs » ne reste ouvert et parfumé qu'une seule nuit.

Les Couleurs sont déterminées par l'influence du soleil. Les fleurs tropicales, et celles des montagnes, sont plus brillantes que celles des régions boréales et des lieux sombres. On blanchit le lilas ordinaire dans l'obscurité d'une cave. Il en est de même des Parfums, des Essences, c'est le soleil qui préside à leur formation. Le jardinier lie ses salades pour éviter la formation de sucs amers, latex et autres. On rattache les couleurs végétales à 2 types, dont chacun est spécial à certaines familles. Le Jaune et ses dérivés, orangé, vermillon, forment la Série Xanthique. Le Bleu et ses dérivés, violet, carmin, forment la Série Cyanique. Ces 2 séries tendent vers des couleurs rouges très dissemblables, vermillon et carmin. L'association du bleu et du jaune forme le vert : ainsi la Chlorophylle est l'union de 2 principes, l'un bleu, l'autre jaune, et comme celui-ci persiste plus longtemps, les feuilles jaunissent en automne. Les roses et les tulipes offrent toutes les nuances de la série Xanthique, mais ne sont jamais bleues. Mais les jacinthes et laitues sont, indifféremment, jaunes ou bleues. Plusieurs fleurs changent de couleur : giroflée, myosotis hortensia. Un hibiscus est blanc le matin, rose à midi, rouge le soir; un glaïeul repasse du brun au bleu plusieurs jours de suite.

VIII – Corolles à pétales soudés.

Elles sont dites Monopétales ou, mieux, Gamopétales, (Gamos, union) Parmi les Régulières, six formes principales : 1° Campanulée, en cloche campanule, liseron ; 2° Tubuleuse, en tube avec gorge : primevère, consoude. 3° Infundibulée, en entonnoir à gorge étroite : tabac, datura. 4° Hypocratériforme, en coupe : lilas, pervenche. 5° Urcéolée en grelot; muguet, bruyère 6° Rotacée, en roue : bourrache, pomme de terre. Parmi les corolles gamopétales irrégulières : 1° Labiée, en bouche ouverte ou double lèvre $\frac{2}{3}$: sauge, menthe. 2° Personnée, en masque fermé $\frac{3}{2}$: muflier scrofulaire. 3° Digitalée,

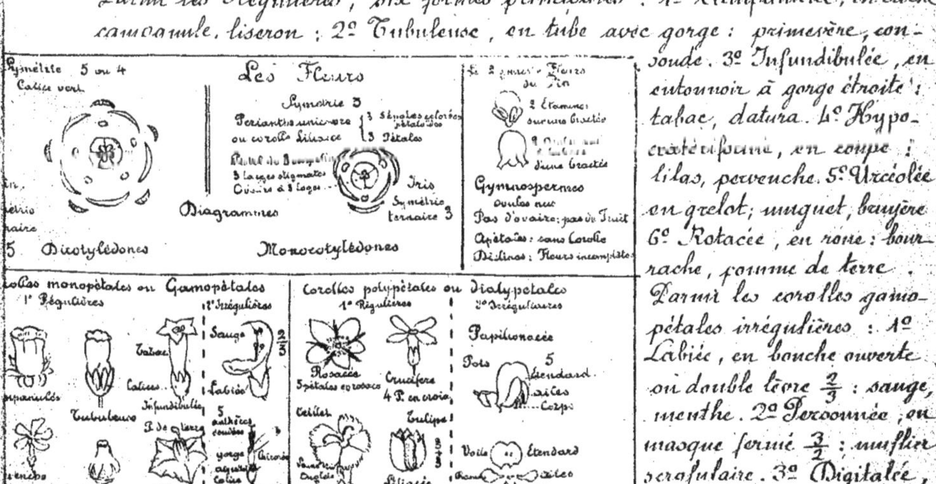

ou doigt de gant ou éteignoir : digitale. Les formes compliquées sont dites Anomales. Dans la famille des Composées, le capitule est formé de deux sortes de fleurs sessiles, sans pédoncules : des Fleurons, réguliers, en tubes ; des Demi-Fleurons ou Ligules, irréguliers, dont une partie s'étale en une large lame. Le bleuet n'a que des fleurons, la chicorée n'a que des ligules, le dahlia possède des fleurons au centre, et des ligules au pourtour. Doubler le dahlia, le souci, c'est transformer par le jardinage les fleurons réguliers (du centre) en ligules, largement étalées comme celles du pourtour. On connait beaucoup mieux le dahlia double que le dahlia simple.

IX - Corolles à pétales libres.

Elles sont dites Polypétales, ou, mieux, Dialypétales (Dialuein, séparer). Parmi les Régulières, 4 formes principales : 1° Rosacée, en rosace églantier, fraisier. 2° Cruciforme, 4 pétales disposés en croix : giroflée, chou. 3° Caryophyllée : sur de longs onglets pointus, un limbe étroit : oeillet, mouron. 4° La Corolle liliacée caractérise les monocotylédones : c'est un périanthe unicolore, de 6 divisions semblables 3+3 ; les 3 externes représentant le calice, les 3 internes la corolle. Parmi les Dialypétales Irrégulières, la forme Papilionacée : la corolle, composée de 5 pétales, est comparable à un papillon ou à une nacelle ; un grand pétale s'étale en Etendard ou Voile ; 2 latéraux forment les Ailes ou Rames ; et 2 très rapprochés au centre constituent le Corps de l'insecte ou la Carène de la barque. Presque toutes les autres formes sont compliquées, bizarres, Anomales. Un éperon caractérise la corolle Violacée : violette, pensée. Citons la capucine l'Aconit, l'ancolie semblable à 5 petites colombes. Les Orchidées, très décoratives, sont des monocotylédones qui ressemblent à des bourdons, des araignées, des mouches ; le Casque supérieur est formé de 5 pétales ; le Tablier ou Labelle d'un seul.

Tournefort avait basé sa classification sur la forme de la corolle (1694), malheureusement il crut devoir séparer les arbres d'avec les petites plantes. L'idée n'est bonne que pour la plantation d'un Jardin Botanique ; faute d'y avoir pensé à Genève, les grands arbres ont fait un vide trop large à leurs pieds. Tournefort avait précisé 22 classes : presque tous leurs noms sont, maintenant, connus de vous, car ils désignent les grandes familles que vous venez d'entrevoir :

Campanulées, Labiées, Personnées, Composées,
Rosacées, Caryophyllées, Papilionacées, Crucifères,
Ombellifères, Liliacées,
Apétales ordinaires et Apétales à chatons (Amentacées).

8e Leçon

Fin de la Fleur. Le Fruit

X_ Étamines.

Chacune d'elles consiste en un Filet qui supporte une Anthère. Celle-ci est un double sac, dont les deux moitiés sont réunies par le Connectif où s'insère le filet ; le connectif s'allonge chez la sauge en fléau de balance. Une anthère sans filet est dite sessile (pin) ; un filet sans anthère est un Staminode stérile. Quand l'anthère est mûre, elle éclate et lance le Pollen fécondant, soit par une fente, soit par des trous (pomme de terre), soit par une soupape ou lucarne (épine-vinette, cannellier). Le Pollen est souvent jaune, ce qui a fait croire à des pluies de soufre au voisinage des forêts de sapins ; mais il a aussi d'autres couleurs. Deux enveloppes, l'externe dure, hérissée ; l'interne tendre, protègent une matière liquide, granuleuse, la Fovilla. En présence d'un liquide, plus spécialement au contact de l'humeur gluante du stigmate, le grain de pollen s'allonge en tube pollinique. Il doit traverser le style, le sommet de l'ovaire et pénétrer un ovule, pour que celui-ci devienne graine (par la formation d'un embryon), pendant que l'ovaire devient fruit. Quand le printemps est trop pluvieux, le pollen mouillé forme des tubes polliniques perdus. Nous parlerons des fleurs aquatiques.

Linné a basé son Système artificiel de classification sur les étamines et les pistils : leur nombre, leur soudure, leur mode d'insertion (1736). Ce système commode rendit de grands services à la science (ainsi la 7e classe renfermait les plantes qui ont 7 étamines en attendant la Méthode Naturelle due à de Jussieu : classification basée sur le grand nombre de caractères, en commençant par le premier de tous, le nombre des cotylédons. Sur les 24 classes de Linné, une dizaine d'expressions importantes doivent être retenues. Les voici : 1° Quand la fleur possède 2 grandes étamines et 2 petites, elles sont dites Didynames ; 2+2 ; c'est le cas de presque toutes les Labiées (menthe) et les Personnées (muflier). 2° La fleur est dite Tétradyname quand elle a 4 grandes étamines et 2 petites. Ex : les Crucifères : giroflée, chou. 3° Si les étamines sont soudées par leurs anthères, en une sorte de couronne, la fleur est dite Synanthérée ; c'est le cas de toutes les Composées : dahlia, bleuet. 4° Si les filets sont soudés en un seul cylindre, comme dans la mauve, la fleur est Monadelphe : et si la soudure forme 2 faisceaux, la plante est Diadelphe, comme le pois (9+1) et plusieurs autres Papilionacées. 5° Avec Linné, on attache toujours beaucoup d'importance à l'insertion des étamines car c'est un bon caractère de la Classification Naturelle. On note donc si les étamines sont soudées ou non, à la corolle. Quand elles sont insérées au-dessous du gynécée, sous un ovaire Supère, elles sont dites Hypogynes (lys). Quand elles sont insérées au-dessus d'un ovaire Infère, elles sont dites Périgynes (iris).

6º Les végétaux diclines ont des fleurs incomplètes, unisexuées, soit staminées, soit pistillées. On les nomme Monoïques, quand ces deux genres de fleurs sont sur le même pied (pin, noisetier, melon) et Dioïques, lorsque la plante, complètement d'un seul sexe, comme les animaux supérieurs, ne possède qu'une seule sorte de fleurs : dattier, vallisnérie, chanvre. La 24e classe de Linné, était la Cryptogamie.

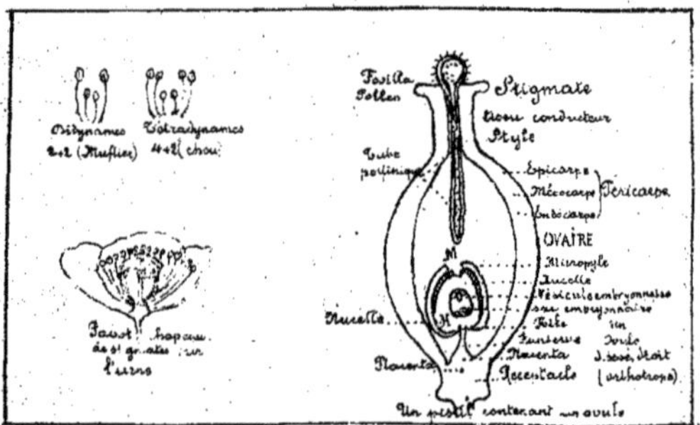

XI - Pistil.

L'ensemble des pistils d'une fleur constitue son Gynécée. Le plus souvent il n'y en a qu'un. Le pistil est formé par la soudure de feuilles modifiées, enroulées en cornet, les carpelles. De sorte qu'on y trouve les 3 régions d'une feuille, un parenchyme entre deux épidermes. Cet ensemble constituera le Péricarpe du fruit : en grec καρπός signifie fruit (et poignet). Un parenchyme cellulaire, le Mésocarpe, entre deux épidermes, l'Epicarpe externe, l'Endocarpe interne. Quand on mange une pêche, on enlève l'Epicarpe (peau), on mange le Mésocarpe chair et l'on jette le noyau (Endocarpe) avec l'amande qu'il abrite. Les Ovules, ou œufs végétaux, sont insérés sur le Placenta qui les nourrit. Le mode d'insertion est dit Central, quand le placenta se dresse dans un ovaire à une seule loge, soit en cône, soit en colonne : primevère. La placentation est Axile quand l'axe central, qui sépare les loges de l'ovaire, reçoit les ovules lys. Si les placentas se dressent dans les parois de l'ovaire, la placentation est Pariétale : pavot.

XII - Ovule.

L'œuf végétal est protégé par 2 membranes, sauf en une région où la rentrée de ces deux enveloppes forme un petit canal, le Micropyle. Le noyau central, ou Nucelle, se creuse d'un Sac embryonnaire, avec liquide et 3 cellules spéciales, la Vésicule embryonnaire entourée de 2 auxiliaires, les deux Synergides. Quand le grain de pollen est arrivé sur le stigmate amené par la pesanteur, le vent, ou les insectes, il s'allonge et forme un tube pollinique. Celui-ci traverse le style, le sommet de l'ovaire, le micropyle d'un ovule, le nucelle et se met en relation avec l'une des deux synergides. Un Embryon sera formé par la Vésicule embryonnaire ; l'ovule deviendra graine et l'ovaire fruit. Le rôle des insectes est précieux. Darwin a montré le rôle indispensable des bourdons dans la fructification du trèfle. Certains végétaux ne sont fécondés que grâce au concours de certains insectes. L'aristoloche emprisonne ses visiteurs ; l'iris leur offre les tapis pelucheux de son calice. En Provence, on secoue des rameaux sauvages de figuier, au-dessus des figuiers cultivés, afin de faire tomber une multitude de Cynips, petits insectes qui contribuent à faire grossir et mûrir les figues : c'est la Caprification.

La fécondation des plantes Aquatiques est fort intéressante, puisque l'eau fait éclater le pollen. Les unes secrètent des bulles d'air qui garantissent le pollen (renoncule), les autres s'élèvent momentanément au-dessus de l'eau (nymphéa). Les poètes ont chanté la Vallisnérie, plante dioïque du midi de la France. Une longue spirale se déroule pour permettre à la fleur pistillée de venir flotter. Les fleurs staminées se détachent de leurs courts épis, montent à la surface, nagent parmi les pistils, sont entraînées par le courant, tandis que la contraction de la spirale ramène au fond de l'eau les pistils fécondés.

L'intervention de l'homme assure l'abondance des récoltes et la richesse des arbres fruitiers, en portant directement le pollen sur les stigmates avec des pinceaux, des brosses. Entre espèces voisines le croisement est possible, comme pour le greffage, tandis qu'il ne l'est pas entre genres différents. Des milliers d'Arabes vont en caravane chercher des rameaux staminés, afin de les placer au sommet des dattiers pistillés qui constituent leur meilleure ressource. Note. L'ovule s'attache au placenta par un cordon, le Funicule, qui produit une légère dépression au sein de l'ovule, le hile. On connaît des ovules droits, et d'autres courbés en rein, comme le haricot mais l'ovule le plus répandu est renversé, micropyle contre hile.

Le Fruit

I - Introduction.

Pendant que les ovules fécondés se convertissent en graines, l'ovaire s'accroît pour les protéger et pour les nourrir. Le Fruit résulte du développement d'un pistil fécondé et des ovules qu'il contenait. La paroi est constituée par une feuille carpellaire ou plusieurs ; on y distingue les 3 régions des feuilles. Le péricarpe du fruit consiste en un parenchyme, le Mésocarpe, entouré de deux épidermes, Epicarpe et Endocarpe. Suivant que ce tissu se dessèche ou se gonfle, le fruit est sec ou charnu. Dans le premier cas, s'il renferme beaucoup de graines, il facilite leur dissémination en s'ouvrant avec violence. Et s'il est charnu, il contribue à nourrir le nouveau végétal quand la graine a germé. On distingue les fruits à un seul carpelle de ceux qui en ont plusieurs. Le fruit Simple provient d'un pistil unique, le fruit Multiple des divers pistils que peut contenir une fleur, et le fruit Composé des nombreuses fleurs de toute une inflorescence.

II - Fruits Charnus

Leur peau, ou pelure, représente l'Epicarpe ; leur chair, le parenchyme du Mésocarpe. Quant à l'Endocarpe, il est très dur dans la cerise, corné dans l'amande, cartilagineux dans les loges de la pomme, et il se confond avec le mésocarpe succulent dans le raisin et le melon. 1° La Drupe, ou fruit à noyau, n'a d'ordinaire qu'une seule loge, avec un seul noyau, parce qu'elle provient d'un seul carpelle. Cerise, prune, abricot, pêche ; amande, datte, olive. On nomme Brou la chair amère de la noix et de l'amande. Les graines sont uniques, grandes et souvent parfumées ; elles servent à faire le kirsch, l'eau de noyaux. Mais il faut craindre le redoutable poison que plusieurs renferment : l'acide Prussique. 2° La Pomme ou Mélonide est le fruit à pépins réguliers, rangés dans 5 loges cartilagineuses qui représentent l'Endocarpe. Les débris du calice forment les 5 dents qui couronnent, au sommet, l'œil de la pomme et de la poire. On ne mange la nèfle que lorsqu'elle est blette, ses loges sont dures, ligneuses. 3° La Péponide est le fruit des cucurbitacées, melon, cornichon. Coriace à l'extérieur, la chair devient de plus en plus tendre vers le centre qui se creuse profondément. Mésocarpe et endocarpe se confondent, comme dans la baie. 4° La Baie, molle, pulpeuse dans l'aubergine et la tomate, juteuse dans le raisin et la groseille. Elle renferme de nombreux pépins épars, sans apparence de loges. Les baies de la belladone et de la pomme de terre sont vénéneuses ; on mange celles de l'arbousier et du cactus-raquette, ou figue de Barbarie. 5° L'Hespéridie : orange, citron, cédrat. La région jaune de "l'écorce" criblée de glandes parfumées, représente l'Epicarpe, et la région blanche le Mésocarpe. La fine pelure qui vient ensuite est l'Endocarpe. Donc les Quartiers succulents sont une production supplémentaire, dérivée de l'endocarpe, destinée à protéger les graines. Ces 5 fruits sont Simples ; ils proviennent d'un seul pistil.

Les fruits Multiples sont les agglomérations formées par les nombreux pistils d'une même fleur : ainsi la Framboise et la Mûre des ronces sont des ensembles de drupes. Un fruit Composé provient d'une inflorescence entière, c'est-à-dire de plusieurs fleurs telle est la Mûre du mûrier dont les calices, eux aussi deviennent charnus. Tel est l'Ananas dont on mange, avec l'agrégation des fruits, la base des bractées et l'axe ou réceptacle. 7° Les Porte-fruits charnus ou Réceptacles succulents sont représentés par la Fraise, couverte de petits fruits secs; la Figue dont on mange le réceptacle creux et les petites drupes qu'il renferme (sycône). Charnus ou secs, on nomme Induviés, les fruits qui sont renfermés soit dans le réceptacle (calycanthus) soit dans le calice (coqueret) soit dans un involucre de bractées (châtaigne) ou une simple cupule (gland). Les Gymnospermes par définition même (ovules nus) n'ont pas de fruit, puisqu'ils n'ont pas d'ovaire. Leurs graines sont logées à la base d'écailles disposées en cône; l'ensemble constitue la « Pomme » du pin, le Strobile (dressé) du sapin et (pendant) de l'épicéa, bien plus répandu dans nos pays; le Galbule arrondi du cyprès. Le genévrier possède une « fausse baie » à involucre charnu qui enveloppe les deux tiers de la graine on en retire le genièvre ou gin. L'if et le gingko ont de fausses drupes; on mange la première, dont on rejette la graine vénéneuse; c'est l'inverse pour la seconde, dont l'amande est recherchée.

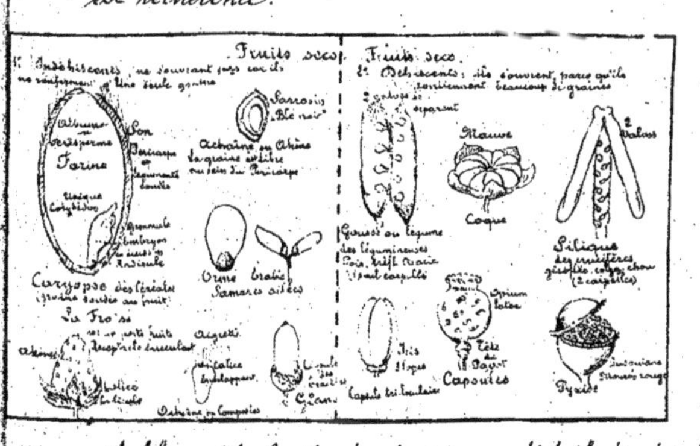

III. Fruits secs Indéhiscents

Ils n'éclatent pas quand ils sont mûrs, parce qu'ils ne renferment qu'une seule graine. 1° Caryopse. La graine est soudée au péricarpe sec: c'est le fruit, « le grain » des céréales blé, avoine, à périsperme farineux. 2° Achaine. La graine est libre au sein du fruit: sarrazin ou blé noir; les véritables petits fruits du fraisier, distribués régulièrement sur le réceptacle conique. Le réceptacle en urne de la rose loge de petits achaines; il passait pour guérir la rage (Cynorrhodon). 3° La Samare ailée est un achaine dont le péricarpe se prolonge, pour faire voltiger la graine. C'est le cas de très beaux arbres, qui produisent énormément de fruits ayant besoin d'être disséminés; sinon ils étoufferaient l'arbre en germant autour de lui : orme, frêne ; érable à double samare; ailante ; lune du pape. Les achaines multiples des composées sont disséminées grâce à l'aigrette plumeuse qui surmonte leur calice persistant : pissenlit, séneçon. 4º Le Gland ne contient qu'une graine par suite de l'avortement des autres sa base est logée dans une cupule de bractées

IV. Fruits secs Déhiscents

Ils s'ouvrent quand ils sont mûrs et, souvent ils éclatent violemment, afin de lancer au loin les nombreuses graines qu'ils renferment. La balsamine est dite « impatiente », n'y touchez pas » parce qu'elle éclate lorsqu'on la touche. Quelques fruits ont de véritables ressorts élastiques. Le Sablier crépitant d'Amérique détone comme un pistolet. 1º Le Follicule, formé d'un seul carpelle, n'a qu'une loge et ne se fend que d'un côté, partageant les graines en deux rangées ; pivoine. 2º La Gousse ou Légume n'a aussi qu'une loge, mais elle s'ouvre par deux fentes, en deux valves, entre lesquelles la rangée de graines se distribue régulièrement. C'est le véritable Légume dans le sens botanique ; ce fruit caractérise la famille des Légumineuses ou Papilionacées : haricot, pois, trèfle, acacia. La Vanille possède une gousse parfumée ; celle du catalpa est très longue. 3º La Silique caractérise les crucifères : giroflée, moutarde, chou. Elle est partagée tardivement par une « fausse cloison » qui réunit les 2 rangs de graines, et elle s'ouvre de bas en haut en 2 valves. Si elle ne contient qu'une graine, elle est indéhiscente : pastel. 4º L'Elatérie est formée par la soudure incomplète de plusieurs carpelles, qui se séparent en autant de Coques, à déhiscence violente : mauve.

5º Une Capsule résulte de la soudure totale de nombreux carpelles formant autant de loges distinctes. Tantôt les loges se fendent sur le dos (lys, tulipe) ; tantôt la rupture a lieu près des cloisons séparatrices (liseron, datura) parfois ces cloisons se dédoublent, ce qui isole les loges qui s'ouvrent ensuite (tabac, digitale) ; ou bien les graines s'échappent par des trous (pavot, réséda). 6º La Pyxide ressemble à une bonbonnière ou une tabatière ; la moitié supérieure se soulève en couvercle : mouron rouge, jusquiame. — Nous venons de nommer les fruits les plus utiles de nos climats tempérés. Nous n'insisterons pas sur ceux des pays chauds : bananes, goyaves, jamboses. Le palmier Elaïs produit l'huile de palme et le Cirier fournit une cire de luxe. Citons encore le poivre, les piments, le jujube, la pistache et les baies des Nerprun qui donnent des couleurs vertes utilisées en teinturerie.

9e Leçon

Graine ou Œuf Végétal.

I - Dissémination.

Beaucoup de végétaux produisent, chaque année, une multitude de graines. on évalue à 36.000 les semences d'un pied de tabac, et à 300.000 celles de l'orme ; Il faut donc qu'elles soient disséminées sur un large espace, sinon elles s'étoufferaient mutuellement. 1° La Déhiscence des fruits est un premier moyen, surtout si elle est impétueuse, comme celle de la basalmine, du genêt. 2° Le Vent fait voltiger les fruits et les graines qui ont des ailes (samare du quinquina, graine ailée du pin) ou des aigrettes (achaînes des Composées), ou des lanières (erodium), ou des poils formant un duvet, comme sur le saule, le peuplier, le cotonnier. Le Contre-alizé a transporté des Antilles en Suède des graines qui ont germé. 3° La Pluie favorise la dissémination ; 4° L'Océan aussi. Le courant du Gulf-Stream amène jusqu'aux Açores des graines d'Amérique, ce qui a contribué à décider Christophe Colomb à entreprendre son voyage mémorable. Les fruits des Ciriers américains voguent sur l'océan ; l'énorme Coco des Seychelles est transporté régulièrement aux Maldives et aux Indes. 5° Les Animaux disséminent les graines. Les crochets de la benoîte, de la bardane, de l'anémone s'attachent à la toison des moutons. Les graines gluantes du gui sont, malheureusement pour nous, transportées par les oiseaux ; celles de la Muscade par les colombes ; celles du Cannellier par une grive. Enfin l'Homme intervient de plus en plus, semant les bonnes plantes, détruisant les mauvaises, et cherchant, surtout depuis deux siècles, à acclimater les espèces remarquables par leur utilité ou leur beauté.

II. Structure

La graine résulte du développement d'un Ovule, fécondé par le pollen. On y retrouve donc les diverses régions de l'ovule, y compris le hile qui forme l'ombilic blanc du marron d'Inde. La partie essentielle qui s'est organisée avec le concours du tube pollinique est l'Embryon, le Germe du futur végétal. 1° Les 2 Téguments ou Enveloppes sont l'un externe coriace, le Testa (bouclier), l'autre interne, tendre, le Tegmen. Quand on mange une noix, une amande, on enlève toujours le testa jaune, et parfois la fine pellicule blanche du tegmen. Ces 2 enveloppes ont souvent des dépendances ; telles sont la pulpe sucrée de la grenade ; la chair parfumée de la Noix Muscade et du Litchi, les aigrettes de l'épilobe, le coton du cotonnier, du saule, du peuplier. 2°

L'Amande formée d'un embryon, avec ou sans albumen, représente le nucelle. L'Embryon est un végétal en miniature composé d'une Plantule, soudée aux Cotylédons. On y distingue très bien la future racine, ou Radicule, surmontée par la Tigelle et la Gemmule verdâtre qui produira les premières feuilles. Pour nourrir la Plantule à ses débuts, la nature lui donne des provisions au sein des cotylédons et de l'albumen. Si les cotylédons sont gros, l'albumen manque (haricot); si les cotylédons sont petits, et surtout s'il n'y en a qu'un, l'albumen est nécessaire (blé).

(1) Les Cotylédons sont des sacs nourriciers, soudés au germe, faisant partie intégrante de l'embryon. On les considère comme des feuilles modifiées. Parfois leur structure est foliacée; ils sortent de terre, verdissent, et ils ont un bourgeon à leur aisselle. Aussi les surnomme-t-on Feuilles Séminales ou Embryonnaires. Vous avez vu, à chaque leçon, quelles différences profondes séparent les végétaux, suivant qu'ils ont un, deux, ou plusieurs cotylédons. Sapins et autres conifères, pluricotylédones, en ont une douzaine, mais d'autres Gymnospermes n'en possèdent que un ou deux. Chez les Monocotycédones, l'unique cotylédon est une sorte de feuille engainante, qui embrasse la gemmule. Les séminules des parasites (gui, cuscute) et des Cryptogames sont Acotylédones (sans cotylédons). –(2) L'Albumen vient en aide aux cotylédons pour nourrir la plantule, mais il ne se rattache pas à elle, il ne fait pas partie de l'embryon. D'ordinaire il l'entoure, et mérite le surnom de Périsperme. Dans la famille des oeillets, l'albumen est entouré par un embryon courbé; alors on le surnomme Endosperme. Ainsi la graine, ou Oeuf Végétal offre de nombreuses analogies avec l'Oeuf Animal. Dans tous deux, à côté du germe, sont accumulées des provisions nutritives: cotylédons et albumen pour la plantule, Vitellus et Jaune, Albumen ou Blanc pour l'animal. Tous deux sont le siège d'une Vie latente qui n'est pas l'absence de toute vitalité, car ils respirent d'une manière appréciable. Enfin, pour se développer, tous deux réclament le concours de l'air, de l'humidité et de la chaleur.

III - Germination

Pour qu'une graine puisse germer, il faut qu'elle ait acquis, et qu'elle ait conservé la Faculté germinative. Chez un petit nombre de plantes, cette faculté est précoce; la graine du Manglier germe dans le fruit avant qu'il soit tombé; le fruit de l'arachide s'enterre spontanément; on doit semer immédiatement le café, le laurier, qui perdent très vite la faculté de germer. Le haricot conserve ce pouvoir pendant 60 ans; les Céréales plus de 5 siècles, ainsi que les Légumineuses. Des graines trouvées dans les Pyramides et dans les tombes gallo-romaines ont germé et comme le froment égyptien a été fort bien, on s'explique assez la vogue dont a joui « ce blé des Momies ». La dessication, la chaleur, le froid suspendent la faculté germinative. Tant qu'on prive la semence d'une partie de ce qui est nécessaire à son développement, air, humidité, chaleur tiède, son existence demeure latente comme celle des arbres en hiver, mais elle est prête à se réveiller sous les influences favorables, et surtout au printemps qui réalise les 3 conditions principales.

1° Chaleur. En moyenne de 15 à 25° mais pour le cresson 1° et pour l'arachide 35°. 2° Eau. Elle ramollit les téguments, gonfle la graine, puis agit chimiquement. On facilite sa pénétration en perçant les noyaux durs, ou, tout au moins, en les usant sur un côté. La radicule du balisier pousse une petite soupape. 3° Oxygène. Son rôle est de première importance. Il faut donc aérer le sol, aussi bien pour les graines que pour les racines, avec la charrue et la bêche. Très compliquée, la germination rappelle, à la fois, la respiration et la digestion. La graine renferme, dans ses cotylédons et son albumen, des provisions d'amidon, de fécule, d'huile, d'albumines végétales, etc. Ces substances insolubles sont rendues absorbables grâce aux Ferments qui s'organisent ; c'est presque une digestion. Et comme la plupart des provisions sont transformées en sucre, on a coutume de dire que la petite plante vit de sucre à ses débuts. Dans ces transformations, l'oxygène joue le premier rôle, il agit comme dans la respiration : il fait brûler certains principes, ce qui produit du gaz CO^2, de l'eau, et une chaleur considérable. – Ex : le brasseur fait germer l'orge jusqu'à ce qu'elle ait formé assez de Ferment (Diastase) pour convertir ultérieurement, son amidon en sucre. Cette germination s'effectue sur des planches, dans un vaste germoir que l'on doit ventiler avec soin, car il se remplit de gaz carbonique, et sa température deviendrait très élevée. Le brasseur place et agite dans l'eau chaude, à 75°, son orge germée ; tout l'amidon se transforme en glucose. Ce moût sucré, il l'aromatise avec les cônes pistillés du houblon ; puis il lui fait subir la fermentation alcoolique, en ajoutant le plus connu des ferments, la levûre de bière.
Ainsi le sol n'est pas indispensable : vous ferez germer des graines dans le sable, le coton, la mousse ; mais, en principe, il est évident que les qualités d'un champ favorisent la germination des graines qu'on lui confie.

Pendant que la Radicule traverse le micropyle et descend dans la terre, comme si la pesanteur, l'obscurité et l'humidité l'attiraient, la Tigelle s'élève vers la lumière, la Gemmule s'épanouit en folioles que verdit la chlorophylle. Chez les Dicotylédones, racine et tige, placées bout à bout, forment un Axe végétatif, et la racine principale constitue le pivot d'une racine pivotante. Chez les Monocotylédones, au contraire, il n'y a pas d'Axe végétatif, car la gemmule ne fait pas suite à la radicule. Cette radicule qui a déchiré une sorte de collerette, cesse bientôt de s'accroître ; elle est entourée et remplacée par des racines secondaires ; bref, la racine ne sera pas pivotante, elle sera fasciculée. A mesure que les provisions s'épuisent, les Cotylédons se dégonflent et se dessèchent ; parfois, entraînés hors du sol, ils verdissent et constituent les premières feuilles. Un moment arrive où la Plantule possède assez de radicelles et de chlorophylle pour se nourrir, directement, dans la terre et dans l'air : elle est devenue un nouveau végétal , capable désormais de se suffire à lui-même.

IV_ Utilités

1º Graines comestibles. On ne peut indiquer ici que les principales. Et d'abord, celles des céréales , en remarquant que ce que l'on nomme Grains du blé, de l'orge, du riz , etc., ce sont de véritables fruits, des Caryopses. Par le blutage on élimine le Son, c'est-à-dire l'ensemble du péricarpe et des téguments ; on élimine aussi l'embryon , et l'on obtient la Farine qui représente l'albumen ; elle est formée de 72% d'amidon et de glucose , 14 de gluten, 4 de corps gras et de sels, 10% d'eau ; de sorte que la composition moyenne du pain est : amidon 52, gluten 12 , corps gras 1 , sels 2 , eau 33. Le centre du périsperme est le gruau , très fin, très blanc , mais moins nourrissant que l'extérieur où domine le gluten , et dont la présence rend le pain plus nutritif et légèrement bis . On mange l'achaine du Sarrazin ou blé noir , et les graines des Légumineuses : haricot, pois, lentille. C'est l'albumen du café qui forme le principe parfumé ; amande, noix, chataigne ; cacao, coco, pin pignon ; anis, cumin, arec, muscade.

2º Oléagineuses . En écrasant leurs graines, on retire l'huile de nombreuses plantes : colza (embryon) , navette, arachide , cameline, sésame, pavot œillette (albumen), lin, ricin, croton, 3º diverses : les graines du cotonnier sont protégées par le Coton , on utilise celles de la moutarde. Un albumen est aussi dur que l'ivoire ; c'est « l'ivoire végétal » du Phytelephas.

10º Leçon

Classification Naturelle des de Jussieu.

I_ Espèce.

On nomme Espèce une suite indéfinie d'êtres qui se transmettent, de génération en génération , des Caractères constants : un ensemble d'individus qui se ressemblent entre eux, autant que chacun ressemble à ses parents et à ses descendants. Cette définition s'applique aussi bien aux végétaux qu'aux animaux. On groupe les espèces qui ont le plus d'analogies en Genres, ceux-ci en Tribus, les tribus en familles et celles-ci en sous-classes, Classes, Embranchements. Chaque espèce reçoit deux noms : celui du genre et celui de l'espèce : un nom générique et un nom spécifique. Cette nomenclature binaire, commencée par P. Belon (1555), fut généralisée par Linné. Ainsi, le genre Blé ou Froment (Triticum) comprend de nombreuses espèces : le Blé ordinaire (Triticum sativum), le Blé dur (Triticum durum), l'Epeautre (Triticum spelta), etc. On doit à Tournefort la conception nette du Genre ; à Tournefort et à Magnol, les premiers groupements en Familles bien naturelles. Les botanistes actuels en admettent 300, comprenant plus de 200.000 espèces. Lorsque les soins du jardinage donnent de la fixité à certaines Variétés, elles constituent une Race, le début d'une espèce nouvelle ; les degrés adoptés sont : Species, Proles, Varietas, Variatio.

II - Classification

Un Système ou classification artificielle ne repose que sur un petit nombre de caractères faciles à observer. Bien que ce mode de groupement rapproche des végétaux très dissemblables, et sépare des plantes douées d'affinités naturelles, il a rendu de grands services à la science, parce qu'il est commode, rapide. Ainsi, le Système de Césalpin et de Ray était basé sur la forme du fruit, celui de Magnol sur le calice et la corolle, celui de Sauvages reposait sur la disposition des feuilles. Le système de Tournefort (1694), basé sur les formes de la corolle, séparait les arbres d'avec les plantes herbacées, mais il a précisé de grandes familles. Celui de Linné (1736), basé sur le nombre des étamines, leur grandeur, leur soudure, leurs rapports avec le pistil, a rendu de très grands services.

Mais les systèmes sont artificiels, sont provisoires ; ils furent un acheminement vers la Méthode Naturelle. Les de Jussieu ont fait pour le règne végétal ce que Cuvier devait faire, 50 ans plus tard, pour le règne animal : la véritable classification.

Cette Méthode Naturelle repose sur le plus possible de caractères, en commençant par les plus importants, ceux qui sont Dominants, Invariables, car ils entraînent à leur suite, comme simple conséquence, un grand nombre de caractères secondaires. C'est ce que l'on nomme la subordination. Entrevue par J. Ray, pressentie par Linné, cette classification naturelle a rendu immortel le nom de Bernard de Jussieu qui appliqua sa nouvelle méthode à la plantation du Jardin botanique de Trianon (1759). Elle fut publiée et améliorée par son neveu, Antoine-Laurent de Jussieu (1789), et mise au niveau des découvertes de la science par Adanson, Lindley, de Candolle, Brongniart qui admit 68 ordres. Mais, de même que les travaux récents et les découvertes de la Zoologie n'ont pas beaucoup modifié les grandes lignes établies par Cuvier pour le groupement des animaux, de mênles progrès de la Botanique ont laissé debout l'œuvre des de Jussieu.

Les caractères dominants de la méthode naturelle sont, vous le savez, 1º La présence ou l'absence de Fleurs à pistils et étamines, Phanérogames et Cryptogames. 2º Le nombre des cotylédons de l'Embryon, Dicotylédones, Monocotylédones, Pluricotylédones : 3º La présence d'un pistil protecteur des ovules, Angiospermes : ou, au contraire, l'absence d'un ovaire laissant les ovules à nu, Gymnospermes. 4º La soudure, ou non, des pétales ; caractère important chez les dicotylédones : Gamopétales et Dialypétales. 5º L'insertion des étamines et de la corolle, soit Périgynes au-dessous d'un ovaire infère (iris) soit Hypogynes au-dessous d'un ovaire supère (lys). 6º La présence ou non d'un Albumen, venant en aide aux cotylédons de l'embryon. 7º Le nombre des carpelles de l'ovaire, et des loges du fruit : 8º Le mode de Placentation des ovules, Centrale, Axile ou Pariétale. Tels sont, dans l'ordre décroissant, les 8 caractères fondamentaux.

On conserve le nom de classes à 8 types qui offrent une incontestable unité de plan, c'est-à-dire l'invariabilité des caractères dominants, avec toutes les modifications possibles des caractères secondaires. 4 de ces Classes forment les végétaux à fleurs ou Phanérogames ; ce sont les Dicotylédones, les Monocotylédones, les Conifères et les Cycadées. Les 4 autres classes constituent les végétaux sans fleurs ou Cryptogames, ce sont les Filicinées, les Muscinées, les Champignons et les Algues. Sur 300 familles, nous ne pouvons en étudier, très sommairement, qu'une trentaine : nous commencerons par la Sous-classe des dicotylédones Gamopétales, ou Monopétales, à pétales soudés. Mais d'abord il convient de récapituler ce que nous avons appris au sujet des 4 Grandes Divisions adoptées dès la première leçon. Tel est l'objet du tableau ci-contre.

Classe des Dicotylédones

Etudier les caractères généraux sur le Tableau ci-contre

Sous Classe des Gamopétales ou Monopétales.

Les pétales sont soudés ; la corolle est d'une seule pièce ; elle porte les étamines, dont le nombre ne dépasse pas 10 (ou 8). Dans une 1re division le calice porte la corolle et les étamines, et il entoure l'ovaire. Pétales et étamines sont donc Périgynes, insérés au-dessus d'un ovaire infère (Composées, Rubiacées). Dans la 2e le calice est indépendant ; les pétales qui portent les étamines s'attachent au plateau, au-dessous d'un ovaire supère ; on les dit Hypogynes (Solanées, Personnées, Labiées).

Les 4 Grandes Divisions des Végétaux

Phanérogames

véritables fleurs à pistils et étamines

ou

Cotylédones

l'Embryon de la graine possède au moins un Cotylédon.

Angiospermes

Ovules renfermés dans un Ovaire — Graines contenues dans un Fruit

I. Dicotylédones	Exemples
L'Embryon possède 2 Cotylédons.	Café, garance
Fleur à calice vert. Symétrie 5 ou 4	Pomme de terre, Digitale
Feuilles à Nervures pennées ou palmées	Lavande, Fraisier, Cerisier
Tige : tronc ramifié en branches	Haricot. Carotte. Sureau
Zônes annuelles concentriques	Vigne, Lin, Chou, Navet
Cœur central dur. Aubier tendre	Renoncule, Buis
Racine : longue, pivotante.	Noyer, Chêne.

II. Monocotylédones	
L'Embryon n'a qu'un seul Cotylédon	Palmier, Dattier
Fleur à calice coloré - Périanthe unicolore 3+3 ou Corolle liliacée	Ananas, Igname
	Balisier, Yucca
	Lys, Tulipe.
Feuilles à Nervures droites ou courbes rectinerves ou curvinerves.	Oignon, Asperge
	Dragonnier
Tige : Stipe : non ramifié : plus dur sur le pourtour - Chaume, Bambou, Rhizôme, Bulbe ; Hampe florale.	Céréales
	Arum, Sagittaire
	Orchis, Vanille

Gymnospermes

III. Gymnospermes.	
Ovules à nu : pas d'ovaire	1° Conifères
Graines libres : pas de fruit	Pin, Sapin
Cone protecteur de Bractées	Cèdre, Mélèze
1, 2, ou plusieurs Cotylédons	Cyprès, Thuya
Fleurs très simples, soit staminées ♂ soit pistillées ♀.	Genévrier
Végétaux Diclines et Apétales	If, Gingko
Feuilles dures, sombres, persistantes	Araucaria
Arbres verts. Résineux : sans vaisseaux à clostres aréolées.	Gnetum
	2° Cycadées
	Cycas
	Dioon, Zamia

IV Cryptogames

Pas de fleurs : ni étamines, ni pistils.	Acrogènes
	Leur tige s'allonge
Semence sans embryon, sans cotylédons.	1° Filicinées vasculaires ; à Racines
	Fougère. Prêle, Lycopod.
Anthéridies, Archégones ; et des Spores	2° Muscinées. Cellulaires ; Radicelles
	Amphigènes
Frondes des fougères, portant les Spores	Accroissement périphérique
	Ni tige, ni racine, ni vaisseaux
Thalle des Lichens, Mycelium et Chapeau des champignons	3° Champignons et Lichens
	4° Algues.

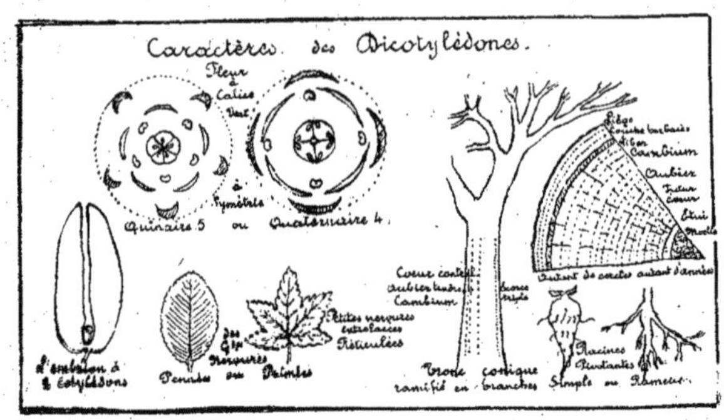
Caractères des Dicotylédones.
Quinaire 5 ou Quaternaire 4.
Cambium
Pennées ou Palmées
Réticulées
Tronc conique
ramifié en branches
Racines
Simple ou Rameuse.

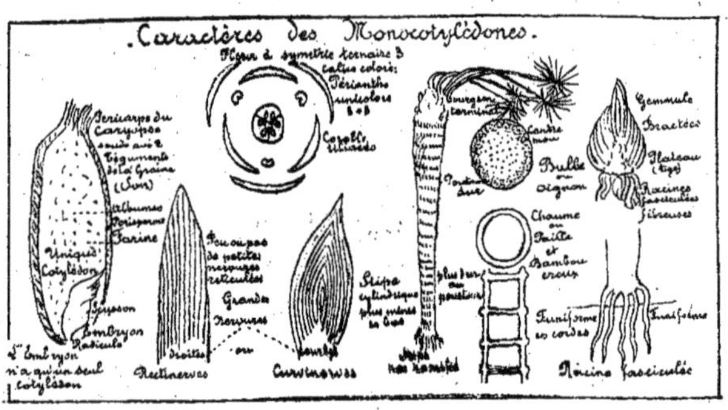
Caractères des Monocotylédones.
Fleur à symétrie ternaire 3
Unique Cotylédon
Embryon
Radicule
L'Embryon n'a qu'un seul cotylédon
Rectinerves
Curvinerves
Stipe
Bulbe ou Oignon
Chaume ou Paille et Bambou creux
Racine fasciculée

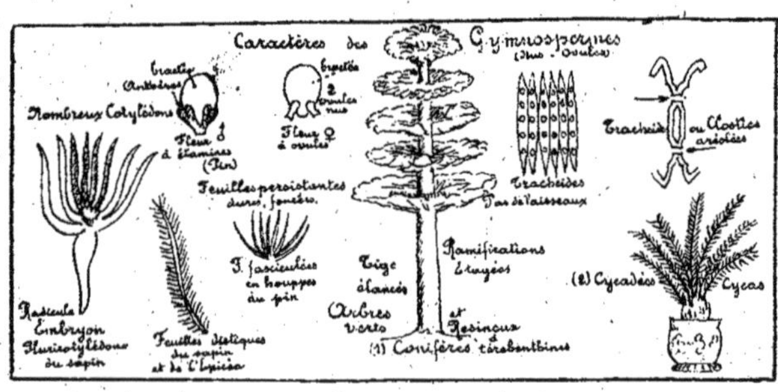
Caractères des Gymnospermes
Nombreux Cotylédons
Radicule
Embryon
Pluricotylédoné du sapin
Feuilles persistantes
Trachéides
Ramifications étagées
Tige élancée
Arbres verts et Résineux
(1) Conifères térébenthinés
(2) Cycadées
Cycas

Famille des Composées ou Synanthérées.

I. Caractères généraux.

1° L'inflorescence est un Capitule, agglomération de fleurs sessiles (sans pédoncule) sur le large réceptacle, que protège un involucre de bractées. Le bleuet n'est pas une fleur, c'est l'ensemble d'une centaine de fleurs. 2° Ces fleurs sont de deux sortes : des Fleurons réguliers, tubuleux, à 5 dents, 5 pétales soudés ; et des Ligules, ou demi-fleurons irréguliers, dont une partie s'allonge en une large lame. 3° Cinq étamines Synanthérées, soudées par leurs anthères, en une couronne que traverse le style, qui bifurque en 2 stigmates. 4° A chaine entouré du calice écailleux, ou à aigrette pour voltiger. Il renferme une seule graine, libre, non soudée au péricarpe. 5° Les feuilles sont alternes, sans stipules. 6° C'est la Famille la plus importante, la plus répandue ; elle compte pour $\frac{1}{7}$ dans la végétation du globe, pour $\frac{1}{9}$ dans la Flore française. Elle ne renferme ni arbres, ni arbrisseaux, mais quelques sous-arbrisseaux et des plantes herbacées. La plupart sont utiles dans l'alimentation ou en médecine ; presque toutes sont ornementales.

II. On divise les Composées en 3 Tribus, suivant que le capitule ne porte que des fleurons, ou seulement des ligules, ou, enfin, des fleurons au centre et des ligules sur le pourtour.

1re Tribu - Flosculeuses

Le Capitule ne porte que des fleurons réguliers, mais qui deviennent inégaux chez les centaurées, ce qui les rend ornementales. 1° Artichaut on mange le réceptacle et les bractées, qui s'étaient gorgés de provisions, pour le développement de l'inflorescence que l'on rejette sous le nom de foin. Si on laisse « monter » l'artichaut, si l'on permet aux fleurs de grandir, elles absorbent ces réserves de nourriture. 2° Cardon : on mange le pétiole et les nervures, après avoir lié la plante pour empêcher le soleil de produire un latex amer. 3° La Bardane est comestible et sudorifique ; le Chardon donne des graines huileuses, aimées du chardonneret ; celles du Carthame plaisent aux perroquets, et les pétales fournissent une couleur rouge, nommée faux-safran. 4° Les Centaurées sont ornementales et fébrifuges : Bleuet, Chausse-trappe.

2e Tribu - Radiées ou Corymbifères.

Au centre du capitule, des Fleurons sans calice ; sur le pourtour, des Ligules sans étamines. Le jardinage double ces fleurs, transformant les fleurons en ligules infertiles. La sous-tribu des Asters nous offre les Pâquerettes. Celle des Séneçons renferme l'Estragon, l'Armoise, l'Absinthe: les Pyrèthres, utiles insecticides; les Chrysanthèmes, dont fait partie la Grande Marguerite des moissons; la Camomille et l'Arnica, les Achillées ou Millefeuilles, et la série des fleurs qui ornent nos jardins: Souci, Dahlia, Gaillardie, Zinnia, Calliopside. Les tubercules du Topinambour contiennent une fécule rotacée, l'Inuline dont l'homme tire parti.

3e Tribu: Liguliflores ou Chicoracées.

Le capitule ne porte que des ligules. Presque toutes ces composées sont comestibles: Chicorée, Salsifis, Laitue.

11e Leçon

Suite des

Dicotylédones Gamopétales ou Monopétales

II. Famille des Rubiacées ou des Coffeinées

(Garance) (Caféier)

I. Caractères Généraux.

1° Inflorescence en cyme définie; 2° Fleurs régulières, les unes à symétrie quinaire 5; les autres à symétrie quaternaire, 4. 3° 2 styles libres ou soudés, révèlent 2 carpelles qui forment soit une baie (café) soit un achaîne (gaillet). C'est l'albumen corné de sa double graine qui donne au café ses précieuses qualités; 4° en général les feuilles sont sessiles, sans pédoncule, opposées 2 à 2 ou verticillées à plusieurs et accompagnées de Stipules très grandes, qui augmentent l'importance du verticille foliacé, 5° les Rubiacées sont herbacées en Europe et arborescentes sous les tropiques.

II. Rubiacées Principales.

1° Le Gaillet possède une tige quadrangulaire à crochets et présente une quinzaine d'espèces: Caille-lait, Gratteron, dont le fruit sec, crochu, comme la tige et les feuilles, s'attache obstinément aux jambes des promeneurs. 2° La Garance (Rubia). La symétrie de la fleur est quinaire; pas de calice; le fruit est une baie. La racine renferme une très belle couleur, l'Alizarine. On cultivait la garance dans le Vaucluse, au sein des alluvions fertilisantes de la Durance. Cette culture a été presque ruinée par la découverte des couleurs que renferme le goudron de houille, rouges d'aniline, de naphtaline, d'anthracène. Elles n'ont pas la solidité de la garance, mais elles coûtent beaucoup moins.

3° Le Caféier, originaire d'Abyssinie, a été transporté à Moka, Bourbon, la Martinique. C'est un arbre de 6 mètres dont les baies rouges renferment 2 graines, à albumen corné. Une huile parfumée s'associe à la Caféine, pour constituer ce stimulant du système nerveux, modérateur des échanges de la nutrition. Sa fleur offre la symétrie quinaire comme celle du Quinquina (5°). L'écorce de ce bel arbre renferme la Quinine, le meilleur des fébrifuges. D'autres rubiacées possèdent cette propriété à un degré moindre. La racine de l'Ipécacuanha est un émétique.

Parmi les familles voisines des Rubiacées, les Chèvrefeuilles qui renferment le Sureau et l'Obier Boule-de-Neige; les Dipsacées, qui ont pour type la Scabieuse et le Chardon-à-foulon; les Valérianées sont connues par la Mâche ou Doucette, et la Barbe de Jupiter. Citons encore la Lobélie et, parmi les Campanulées, la Raiponce.

III - Famille des Solanées (Solanum (pomme de terre)

Caractères Généraux.

1° La fleur, régulière offre la symétrie quinaire, 5; 2° Ainsi le calice est formé de 5 sépales; 3° La corolle, rotacée (morelle) ou infundibulée, en entonnoir (tabac), est formée par la soudure de 5 pétales; 4° les 5 étamines, hypogynes sous l'ovaire, ont de grosses anthères très rapprochées, qui s'ouvrent au sommet par des trous; 5° l'ovaire supère est formé de 2 carpelles, il devient une baie (parmentière) ou une capsule à 2 loges (datura ou pomme épineuse); 6° Beaucoup de graines contournées en rein, comme un haricot; avec l'albumen charnu; 7° feuilles alternes, sans stipules; 8° En général, les Solanées sont vénéneuses, narcotiques, d'aspect triste, à odeur désagréable, à feuilles maculées de taches sombres, mais c'est la famille qui nous donne l'utile, l'indispensable Pomme de terre.

II - Principales Solanées

1° La Parmentière possède une tige souterraine dont les rameaux se renflent en tubercules qui sont couverts de bourgeons (yeux) tandis qu'ils n'en porteraient aucun s'ils dépendaient de la racine. La cuisson leur enlève un principe âcre, qui nuit parfois au bétail, au printemps. Les feuilles et les baies sont vénéneuses. On remarque dans la corolle chiffonnée, le rapprochement des 5 grosses anthères, que l'on croirait soudées; 2° L'Aubergine est comestible lorsque la maturité a fait disparaître le suc vénéneux de ses baies violettes. Ces deux plantes appartiennent au genre Morelle (Solanum), ainsi que la Douce-Amère dont les feuilles infusées servent de calmant ; 3° la Tomate nous offre ses baies pourprées ; le Piment sert de condiment.

5° Le Tabac possède une jolie corolle rose, en entonnoir, et une capsule à 2 loges. On utilise ses larges feuilles qui doivent leurs propriétés à un poison suffocant, la Nicotine, et une partie de leur odeur aux sels ammoniacaux qu'engendre la fermentation. Les espèces américaines sont les plus fines: cigares de la Havane. La consommation en France dépasse 40 millions de kilos ; elle rapporte à l'Etat un revenu de 270 millions de francs – A très petite dose, la médecine utilise les alcaloïdes redoutables de la Belladone, aux baies noires, parfois confondues avec des cerises, de la Jusquiame qui s'ouvre en pyxide ou tabatière, de la Mandragore, du Datura ou Pomme-Epineuse, dont l'entonnoir blanc est superbe. On cultive aussi, à titre de plantes d'ornement, le Pétunia et le Cestreau.

On place ici 3 familles intéressantes : les Primevères dont font partie le Cyclamen et le Mouron rouge des champs à pyxide. Les Liserons qui renferment la Belle de jour et la Patate. Les Borraginées, pectorales, sudorifiques, velues, à cyme scorpioïde : la Bourrache, la Pulmonaire, la Consoude, le Myosotis et l'Héliotrope.

IV – Famille des Personnées ou Scrofulariées.

Ainsi nommées parce que leur corolle est en forme de masque fermé, à 2 lèvres, $\frac{2}{3}$, qu'une torsion profonde déplace en $\frac{3}{2}$, et parce que ces plantes étaient employées comme remède héroïque, au moyen âge, pour guérir les scrofules et autres vices du sang. Le calice a 5 sépales. On n'emploie plus ces plantes comme antiscorbutiques, mais pour l'ornement des jardins.

1° Muflier ou Gueule de Lion, dont le jardinage produit de splendides variétés ; 2° La Linaire dont le tube, renflé, se prolonge en éperon, est jaune ou bleuâtre. 3° La Véronique offre 20 espèces indigènes, entre autres le Mouron bleu. 4° La Calcéolaire ressemble à un sac ; ses variétés sont ravissantes. 5° La Digitale, en doigt de gant, très ornementale, renferme un alcaloïde qui ralentit la circulation du sang. 6° Toutes les Personnées sont dominées par un arbre magnifique qui nous vient du Japon : Le Paulownia.

V – Famille des Labiées.

I – Caractères des Labiées

Leur nom indique que la corolle est une sorte de bouche ouverte, en double lèvre $\frac{2}{3}$. Étamines didynames 2+2, ou bien réduites à 2 (Sauge). Le pistil est formé de 2 carpelles, révélés par 2 stigmates. Le fruit est d'abord double, puis une séparation tardive le dédouble en 4 ; c'est souvent un quadruple achaine, comme chez les Borraginées. La tige quadrangulaire porte des feuilles dentelées, opposées 2 à 2, étagées en croix parfois très ornementales (Coléus). Les labiées doivent aux Glandes aromatiques dont elles sont criblées, surtout dans les pays chauds, les qualités qui les font employer comme remèdes, comme parfums ou comme condiments.

II – Principales Labiées

Les dernières Gamopétales à citer sont : les belles Azalées, les Verveines, les Phlox, la Dentelaire, la Pervenche, – et la famille des Oléinées : belles grappes, corolle en coupe à 4 pétales ; deux étamines : grands végétaux très utiles : Olivier, Lilas, Frêne, Troëne, Orne, Jasmin.

12e Leçon

II – Dicotylédones Dialypétales ou Polypétales

Les pétales de la corolle sont libres, sans soudure mutuelle. Ils sont portés par le calice, et ils s'insèrent avec les étamines Périgynes au-dessus de l'ovaire, chez les Rosacées, Papilionacées, Ombellifères, dont la placentation est axile. La corolle est indépendante du calice, et elle s'insère au-dessous de l'ovaire, tout comme les étamines hypogynes, chez les Crucifères et les Papavéracées, à placentation centrale.

Famille des Rosacées.

I – Caractères.

Fleur régulière, à symétrie quinaire : corolle en rosace de 5 pétales libres, protégeant une centaine d'étamines disposées en verticilles, au-dessous du gynécée. Feuilles munies de stipules. Plantes très utiles ou très belles, reines du jardin et du verger. 1° Tribu des Rosiées. Le fruit consiste en un réceptacle creusé en urne, charnu, logeant de nombreux achaînes. On le nomma Cynorrhodon. Doubler une rose, c'est transformer par le jardinage les étamines en pétales. A côté du rosier proprement dit, se place l'Eglantier.

2° Les Dryadées ou Fraisiers. La fraise savoureuse est un réceptacle cônique, inverse du cynorrhodon creux : comme lui, elle porte des achaînes, secs et foncés. Les drupes multiples de la Framboise, et de la Mûre des ronces, proviennent des nombreux pistils d'une même fleur. Comme type de Spirées on cite la Reine des Prés, l'Ulmaire, la Filipendule.

4° La tribu des Pomacées est caractérisée par son fruit charnu à pépins, couronné par les 5 dents du calice (œil) et composé de 5 carpelles, formant les 5 loges cartilagineuses de la Mélonide. Par la culture on a transformé les fruits acerbes du Pommier et du Poirier sauvages, en 200 variétés agréables. Le fruit écrasé fournit le Cidre ou le Poiré. Avec les coings du Cognassier on fait une gelée délicate et des pâtes stomachiques : les nombreux pépins servent pour brillantine et pour calmer les conjonctivites (collyres). Le Néflier fournit la nèfle que l'on ne mange pas avant qu'elle soit blette. A lui se rattache le groupe des Aubépines, des Sorbiers, des Alisiers.

5° La tribu des Amygdalées (à noyau) possède un fruit charnu, d'un seul carpelle, avec un seul noyau : la Drupe. Souvent la graine et les feuilles renferment une essence énergique et de l'acide Prussique vénéneux. Le bois est très estimé, il en découle la Gomme de pays ou Cérasine. Le genre Cerisier nous offre les cerises succulentes, amenées d'Orient par Lucullus. Le genre Prunier, aux fruits poudrés d'une efflorescence glauque, nous offre le choix entre la Reine-Claude et la Mirabelle, la prune de Monsieur et celle de Damas. L'espèce sauvage, Epine Noire ou Prunellier, porte des prunelles acerbes dont on fait une piquette. L'Abricotier est un prunier d'Arménie. Au genre Amandier se rattachent les nombreuses variétés de Pêcher (Amygdalus persica), veloutées ou non, à chair fondante ou ferme, adhérant ou non au noyau ; son amande et sa feuille sont vénéneuses, par leur richesse en acide prussique. La Zone de Culture de l'Amandier se confond avec celle de l'Olivier. Ces 2 végétaux se partagent la Provence ; l'amande princesse est récoltée aux environs d'Aix. Dans une variété l'amande est douce ; elle donne une huile de luxe ; dans l'autre, l'amande devient amère en fermentant, et produit un mélange de sucre, d'acide prussique et d'essence d'amandes amères.

II - Famille des Papilionacées ou des Légumineuses.

I - Caractères

Cette famille est caractérisée par son fruit unicarpellé, la Gousse ou Légume, qui s'ouvre en 2 valves, entre lesquelles se distribue régulièrement la rangée des graines. Souvent les étamines sont diadelphes (9+1) dont 9 soudées par leurs filets. Les feuilles, alternes, sont composées de folioles, terminées en vrilles chez les volubiles, et douées de mouvements accusés (sainfoin, sensitive). Dans quelques groupes la fleur est presque régulière, tandis que, dans la majorité, elle ressemble à un Papillon ou une Nacelle : ses 5 pétales sont : l'étendard ou voile, les 2 ailes ou rames ; le corps ou carène, double, de 2 pétales rapprochés.

1re Tribu : Papilionacées proprement dites : Haricot, Pois, Lentille, Fève, Pois chiche. Parmi les fourrages ; Trèfle, Luzerne, Mélilot, Sainfoin, Lupin. Plusieurs textiles passables : Genêt, Ajonc, Spartium. De beaux arbres : le Robinier ou Faux Acacia ; aux grappes embaumées, au bois tenace ; le Cytise ou Faux Ebénier, aux grappes d'or ; le Sophora japonais, aux branches torses, aux rameaux pleureurs ; la Réglisse, l'Indigotier, le Palissandre, le Santal, très recherchés par l'ébénisterie.

2° La Tribu des Cæsalpiniées, à corolle presque régulière, à étamines sans soudure, renferme des arbres exotiques, aussi beaux qu'utiles. L'Arbre de Judée, dont les épis rouges précèdent les feuilles au printemps ; le Campêche violet et le rouge bois de Fernambouc, les Cassia (casse, séné) et les Tamariniers (tamar indien). l'Arachide. - 3° La tribu des Mimosées renferme la Sensitive et les vrais Acacias dont font partie les Gommiers qui secrètent la gomme arabique.

III - Famille des Ombellifères.

C'est une des familles les plus naturelles, que caractérise son inflorescence en Ombelle composée. Plusieurs ombellules, munies d'involucelles de bractées, forment l'Ombelle munie d'un involucre. Le calice est composé de 5 petits sépales, soudés entre eux et à l'ovaire. La corolle régulière a 5 pétales. Les 5 étamines périgynes s'insèrent sur un disque à la hauteur de la gorge du calice. 2 styles, à base renflée, révèlent 2 carpelles qui formeront 2 achaines, sillonnés de côtes. Ce fruit contient des Canaux résinifères, comparables à ceux des sapins; ils secrètent des essences aromatiques dans l'Anis, le Cumin, le Coriandre, le Carvi. Les feuilles alternes, finement découpées, engainantes, sont criblées de glandes odorantes, aromatiques dans les espèces condimentaires, fétides chez les ombellifères vénéneuses. La tige est herbacée, cannelée, contenant une moëlle abondante; ou sinon creuse, fistuleuse (Férule); on confit celle de l'Angélique. Plusieurs espèces secrètent des gommes-résines médicinales; Opoponax parfumé, Assa-fœtida repoussante, Gomme ammoniaque; la secrétion du Thapsia sert pour emplâtres vésicants.

Il faut citer la Carotte, type des racines pivotantes simples. Le Panais à fleurs jaunes, plusieurs condiments agréables: Cerfeuil, Persil, Fenouil, Céleri. Enfin un groupe de plantes âcres, vénéneuses que leur odeur vireuse, leur tige piquetée de rouge, leurs feuilles, parfois maculées, empêchent de confondre avec le persil et le cerfeuil. Petite Ciguë, Cicutaire aquatique, Grande Cigue de Socrate, employée jadis comme breuvage mortel.

Auprès de ces 3 grandes familles, on place celle des Térébinthes (ailante, acajou, pistache) et celle des Fusains. Le Lierre, les Myrthes (Eucalyptus), le Seringat, les Saxifrages, les Groseilliers, etc. On y joint, aussi, les Cucurbitacées, parfois à fleurs diclines, avec corolle soudée, étamines demi synanthérées; ovaire de 3 carpelles formant le plus souvent la volumineuse Péponide: Melon, Concombre et Cornichon, Pastèques, Courge, Citrouille, Potiron, Calebasse et Coloquinte

---

13e Leçon

Suite des Dicotylédones Dialypétales.

Parmi celles dont la corolle est indépendante du calice, et dont les étamines hypogynes s'insèrent au-dessous de l'ovaire, nous choisirons la vigne, le lin, l'œillet, la mauve, les Crucifères, les Papavéracées et les Renonculacées.

1° La Vigne, type des Ampélidées, possède de petites grappes de fleurs verdâtres. Le calice, à peine denté, est très petit. La corolle insérée sur disque glanduleux, est formée de 5 pétales verts, soudés en dessus ce qui forme une coiffe qui tombe d'une seule pièce. Les pétales alternent avec

Nectaires, de sorte que les 5 étamines sont en face des pétales. Le fruit est la plus commune des baies, le grain de raisin, formé par 2 carpelles, à stigmate sessile, sans style. Pépins épars, à testa très dur, avec albumen charnu. Les feuilles, type des palmatilobées, sont alternes et sans stipules; une partie des supérieures n'est formée que de pétioles, contournés en vrilles. Nombreuses variétés de raisins; noirs, blancs, gris, muscats, de treille. Vin, eau-de-vie, vinaigre, jus vert ou verjus. Tartre des tonneaux. Les Vignes-Vierges, ornement des tonnelles, font partie des genres Ampelopsis et Cissus dont on mange, en Amérique, les fruits acidulés et les feuilles cuites.

2° Le Lin, type des Linées, possède de belles fleurs bleues, campanulées, exemple parfait de la symétrie quinaire: 5 sépales, 5 pétales, 5 étamines, 5 carpelles, 5 styles libres, 5 loges dans la capsule (dédoublée par des cloisons tardives en 10 compartiments). Plante herbacée, originaire d'Orient, le Lin prospère dans les pays tempérés et secs, le nord de la France, la Belgique, la Russie. Les fibres textiles font partie du liber de l'écorce; elles sont de cellulose pure, aussi conviennent-elles pour les plus fins tissus; dentelles et batistes. On les sépare les unes des autres, et de la portion ligneuse par le rouissage, surtout avec la vapeur d'eau. Les graines émollientes plaisent aux oiseaux et servent en médecine; on en extrait, pour la peinture, une huile siccative qui sèche vite; les tourteaux engraissent le bétail.

3° L'Œillet, type des Caryophyllées. Sa corolle est caractérisée par le long tube que forment les 5 onglets allongés, tandis que le limbe perpendiculaire est assez court; 5 ou 10 étamines. La culture double l'œillet transformant les étamines en pétales, élégants, panachés, parfumés. Font partie des Caryophyllées, la Saponaire, dont le suc mucilagineux mousse avec l'eau, comme un savon naturel, et enlève les taches; le Silène, le Lychnis et le Mouron blanc des oiseaux.

4° La Mauve, type des Malvacées; fleur régulière, à symétrie quinaire; corolle violette, en godet assez caractéristique. Étamines monadelphes, soudées par leur filet en un tube que traversent les styles (soudés aussi) de plusieurs carpelles. Le fruit sec éclate à la maturité; soit une Capsule; soit une couronne de Coques, aux loges incomplètement soudées. Feuilles alternes, palmatilobées, stipulées. La mauve renferme un suc émollient; ses fleurs servent pour infusions. On utilise la racine de la Guimauve. La Mauve royale (Lavatera) et la Rose-trémière ou Passe-rose, sont fort belles. Les malvacées exotiques sont des arbres, ce sont même les plus gros arbres; le Séba, dont l'écorce contournée en barque, contient 40 rameurs; le Baobab qui atteint 35 m. de base et dont l'âge est évalué à 6.000 ans. La capsule du Cotonnier est gonflée de graines huileuses, protégées par le duvet qui dépend de leurs tégument; chaque fibrille de Coton est une cellule allongée, terminée en crochet. L'Égypte, l'Inde, la Chine, l'Amérique possèdent plusieurs espèces de cotonniers.

V_ Famille des Crucifères.

I_ Caractères.

La symétrie de la fleur est quaternaire et en croix. Le calice est formé de 4 sépales; caduc, il tombe de bonne heure. La corolle, caractéristique, est Cruciforme: 4 pétales formant la croix. Sur les 4 étamines initiales, les 2 latérales demeurent simples et petites; les 2 autres se dédoublent et s'allongent; l'ensemble est donc Tétradyname 4+2. L'ovaire est formé de 2 carpelles, portant 2 rangs d'ovules sur 2 placentas pariétaux; ceux-ci finissent par être réunis au moyen d'un Cadre tardif qui sépare la Silique en 2 loges, s'ouvrant de bas en haut par 2 Valves. A titre exceptionnel, les 2 lobes du stigmate sont superposés aux 2 placentas. Embryon huileux, sans albumen. Feuilles alternes, sans stipules. Les Crucifères renferment une Essence assez âcre, sulfurée, hygiénique et utile stimulant. Presque toutes les fleurs sont jaunes ou blanches; toutefois elles sont lilas dans la Cardamine et la Julienne, rouges dans le Gazon de Mahon, violettes dans l'Aubriétie.

II_ Crucifères Utiles.

1° Le Chou, aux nombreuses variétés et le Chou-fleur dont on mange l'inflorescence. 2° Le Navet, le Rutabagas du bétail; la Navette, dont l'huile est comestible; le Colza, réservé pour l'éclairage. 3° Le Radis, soit noir et gros, soit rose et petit. 4° La Moutarde présente 2 espèces; les graines blanches de la première stimulent modérément les estomacs fatigués. L'autre, la moutarde noire, est beaucoup plus riche en essence sulfurée; on l'emploie pour sinapismes. En délayant les 2 farines dans le verjus, et le vinaigre, on obtient le condiment de nos tables; ou moutarde de Dijon. 5° Le Cresson de fontaine et le cresson alénois des jardins, purifient le sang. Enfin, nos jardins sont remplis de belles crucifères: Giroflée, Mathiole, Arabette, Alysson ou Corbeille d'or, Ibéride ou Corbeille d'argent, Thlapsi ou Tabouret.

VI - Famille des Papavéracées (Papaver : Pavot).

Deux sépales caducs, qui tombent de très bonne heure : 4 Pétales qui se ressentent souvent de leur préfloraison chiffonnée. Beaucoup d'étamines, hypogynes au dessous d'une sorte d'urne, constituée par la soudure d'une vingtaine de carpelles. Cette urne est coiffée d'un couvercle formé par les stigmates ; elle mûrit en une capsule qui s'ouvre, sous le chapeau, par une vingtaine de trous. Telle est la « tête » du Pavot. Chez d'autres le fruit est une Silique. L'embryon, assez petit, est entouré par un albumen huileux. Ainsi l'huile d'Oillette provient de l'albumen et l'huile de colza de l'embryon. Feuilles alternes, très découpées. Les papavéracées sont des plantes herbacées, riches en latex puissants, vénéneux, soit narcotiques, soit corrosifs.

Le Pavot offre plusieurs espèces : l'Oillette, violacée à tache noire : le Coquelicot, le Pavot somnifère. On blesse les urnes avant leur maturité ; elles exsudent un latex blanc qui se solidifie et se fonce en couleur : c'est l'Opium ; utile soporifique et narcotique redoutable ; bienfaisant lorsqu'il est offert par le médecin, funeste lorsqu'on demande à ses fumées l'ivresse et l'engourdissement ; comme on le fait aux Indes, en Malaisie et en Chine. Il doit ses propriétés à une dizaine d'alcaloïdes dont le plus connu est la Morphine. Le Pavot de Californie est d'un jaune citron assez joli. Sont jaunes, aussi, la Glaucière ; la Chélidoine, ou Grande Eclaire dont le latex orangé est un corrosif qui détruit les verrues.

Auprès de ces Dialypétales on a placé : les Aurantiacées ou Hespéridées ; elles ont pour type l'Oranger, le Citron, le Bigaradier qui sert à fabriquer l'eau de fleur d'oranger et le curacao, le Cédrat, la Bergamotte. Les familles du Géranium et de la Balsamine ; la Capucine, la Violette ; le Réséda ; le Magnolia ; le Camélia (thé) ; de beaux arbres, le Tilleul, l'Erable, le Marronnier d'Inde. Et l'on termine avec les Renonculacées, parce que la corolle leur manque quelquefois ; elle peut être remplacée par un calice brillant, pétaloïde, dont les sépales sont opposés aux étamines. On observe souvent sur les organes de la fleur une disposition spiralée et non plus verticillée et, dans ce cas, toutes les transitions possibles entre les bractées, les sépales, les pétales, les étamines et les carpelles. Les Renonculacées sont à la fois ornementales et vénéneuses. Leur type est la Renoncule ou Bouton d'Or. Citons les Clématites, au superbe calice, coloré comme celui des

Anémones. L'Adonis ou Goutte de Sang, a le calice pourpre, et la corolle sanguine. La Pivoine, très ornementale, double aisément par la transformation des étamines en pétales. On utilisa l'Ellébore. On cultive la Dauphinelle ou Pied-d'Alouette aux longs éperons. Chez l'Aconit, le sépale supérieur se contourne en casque; les 2 pétales supérieurs très minces, terminés en crosse, ressemblent à des étamines : les 3 inférieurs sont très petits, ou convertis en étamines ; bref, la fleur est des plus bizarres.

14e Leçon

3e Sous-Classe des Dicotylédones Apétales

Ces végétaux n'ont pas de corolle, et cependant on en cultive plusieurs pour leur beauté ; c'est alors le calice qui est coloré : Amaranthe, Belle-de-nuit, Aristoloche. Deux familles assez répandues ont des fleurs complètes, possédant à la fois des étamines et des pistils. Ce sont les Chénopodées qui renferment la Betterave (sucre), et une plante dioïque, l'Epinard. La famille des Polgonées est tout aussi utile par ses graines farineuses, achaîne du Sarrasin, ou blé noir), ses feuilles acidulées (Oseille), ses racines toniques (Rhubarbe).

Parmi les Apétales Diclines, aux fleurs incomplètes, soit uniquement à pistils, soit uniquement à étamines, groupées en chatons, et toujours protégées par un Involucre de bractées, nous choisirons les Euphorbes, les Urticinées et les Amentacées.

I. Famille des Euphorbiacées.

La fleur pistillée se dresse sur un axe, au milieu d'une dizaine de fleurs staminées, et l'ensemble est protégé par un involucre de dix bractées, placées sur 2 rangs. Le fruit est une Elatérie de 3 coques : l'albumen renferme une huile douce, et l'embryon une huile médicinale (ricin, croton). De même que les Papavéracées, les Euphorbiacées sont très riches en latex, corrosif dans le Réveil-matin, vénéneux dans le Mancenillier et les Euphorbes tropicales, enfin durcissant en caoutchouc chez le Siphonia et d'autres.

A cette famille appartiennent : le Buis, le Ricin à la graine oléagineuse et le Manioc qui renferme dans ses racines une fécule, le tapioca.

II. Ordre des Urticinées.

C'est la réunion de plusieurs familles qui ont d'assez grandes affinités naturelles.

1° Famille des Morées – La fleur est très simple : 4 sépales protègent 4 étamines, ou bien un ovaire à 2 loges. Le Mûrier blanc, dont la culture réclame un climat modéré, ne dépasse pas le Lyonnais ; ses feuilles constituent la nourriture du Ver-à-soie. Le Mûrier noir est estimé pour ses fruits dont on fait un sirop adoucissant ; ce sont des fruits composés, formés par une inflorescence entière, et dont les calices deviennent charnus (Sorose). Le Mûrier-à-papier (Broussonetia) est un bel arbre, originaire de Chine, dont le liber textile fournit un papier de luxe. Le Figuier possède un fruit compliqué. Le Sycône de la figue consiste en un réceptacle charnu, complètement contourné, et logeant des fleurs très simples ; ainsi 5 sépales entourent l'ovaire ; 3 sépales protègent 3 étamines. Le Figuier élastique, riche en latex, donne un caoutchouc. Le Figuier des pagodes, aux grandes racines adventives, exsude la gomme laque, sous la piqûre d'une cochenille, qui lui communique sa couleur rouge.

2° Famille des Urticées, ayant pour type l'ortie. Ses feuilles opposées et denticulées, comme celles du Lamier, sont couvertes de poils raides, qui terminent des glandes aux sécrétions corrosives. On est, à la fois, brûlé et engourdi, comme au contact d'une méduse. Et, cependant, lorsqu'elle est fanée et hachée, c'est un fourrage ; on peut la cuire en guise d'épinards. C'est aussi un textile passable. Les Orties de Chine, China-grass et Ramie, fournissent de très beaux fils, surnommés « soie végétale ». 3° Les Cannabinées ont pour type le chanvre, plante annuelle, cultivée depuis longtemps pour son liber dont on fait la toile forte, et les cordes, ainsi que pour ses graines oléagineuses (chènevis), aimées des oiseaux, et dont l'huile sert pour éclairage, peinture, savon noir. L'autre cannabinée utile est le Houblon, cultivé dans les pays où la bière remplace le vin. Les fleurs pistillées sont abritées par des cônes de bractées membraneuses, saupoudrées d'une poussière jaune, le Lupulin. On les fait bouillir pendant 2 heures dans le moût sucré provenant de l'orge germée ; de la sorte, la bière est aromatisée et peut se conserver. On place ici l'Orme, dont les samares et le port majestueux sont si connus, et le Platane, à l'écorce verdâtre exfoliée ; aux boules hérissées agglomération d'achaines dont les styles ont persisté.

III. Ordre des Amentacées (Amenta : Chatons)

C'est un groupe de Familles Diclines, chez lesquelles les fleurs sessiles, d'un seul genre, staminées ou pistillées, sont groupées séparément en Epis hérissés de soies, les chatons. Après la floraison, les chatons à étamines se désarticulent et tombent ; les petits enfants les prennent pour des chenilles. Ni corolle, ni calice ; mais un Involucre de bractées. A ce groupe appartiennent de nombreux arbres. Nous citerons : le Bouleau, à écorce blanche, le Saule, dont les rameaux constituent l'osier et dont l'écorce fournit l'acide salicylique, le Peuplier, à bois blanc et léger ; le Noyer, au bois dur et aux fruits huileux ; le Chataignier, dont le fruit farineux est produit par le développement d'un seul ovule dans une enveloppe de bractées épineuses ; le Hêtre dont le fruit triangulaire a pour graine la faine qu'on récolte afin d'en extraire l'huile ; enfin le Chêne, avec son fruit à capsules (gland) utilisé pour son bois et son écorce, riche en tanin et dont les variétés sont le Chêne Vert à glands doux et comestibles et le Chêne Liège abondant en Algérie et en Tunisie.

15e Leçon

Classe des Monocotylédones

Les caractères généraux, étudiés pendant la première partie du Cours, sont résumés sur la Planche 14, et sur le Tableau placé en regard. Il est indispensable de les apprendre avant de passer à la classification : celle-ci est basée sur la présence, ou non, d'un albumen venant en aide à l'unique cotylédon (très peu de monocotylédones sont privées de périsperme : orchidées et plantes Aquatiques, jonc, sagittaire, zostère). Sur la présence, ou non, d'un Périanthe unicolore 3+3 : enfin sur la disposition de l'Ovaire ; supère, au-dessous d'étamines hypogynes ; ou Infère, au-dessous d'étamines périgynes.

I. Famille des Palmiers (Phénicoïdées).

1° Un stipe élancé ; à cicatrices spiralées (parfois annuelles) déterminées par la chute des feuilles ; sans ramifications en branches, et couronné par le bouquet des Palmes. Ce bois finit par acquérir sur le pourtour une extrême dureté ; il est employé pour constructions, meubles, tuyaux de conduite. La plus belle espèce est le Palmier Royal de Cuba, 45 mètres. 2° Les Palmes sont très grandes ; quelques unes dépassent 10 mètres ; le plus souvent elles sont déchirées en lanières, mais elles s'étalent en éventail dans le Latanier, le Livingstonia. Leurs grandes nervures parallèles sont des fils tout préparés, qui servent pour nattes, palmiers, chapeaux, étoffes, cordes, papier ; celles du Bactris brésilien sont plus tenaces que le chanvre. 3° L'inflorescence est un chaton ramifié, en spadice, avec spathe enroulée. Les palmiers sont diclines, et parfois dioïques (Dattier, Latanier) ce qui oblige les Arabes à aller chercher des branches staminées, pour assurer la formation du régime de dattes.

4° Le Fruit est une Drupe (Dattier, Doum) ou une baie. On sait que la datte est une ressource de premier ordre dans beaucoup de régions tropicales. Le coco possède une coque dure, hérissée de filaments que l'on utilise. L'albumen du coco est creusé d'une cavité, remplie d'un liquide aigrelet, rafraîchissant, qui se modifie en Lait savoureux, en Crème épaisse, et en Amande parfumée, dont on retire une huile très fine. C'est la drupe oléagineuse de l'Elaïs-Guiora (10 mètres) qui fournit l'huile de palme employée pour savons et pour cambouis. 5° La Sève sucrée de tous les palmiers forme le Vin de palme pétillant, qui se transforme en une bière capiteuse, le Lagby. On peut en retirer du sucre et de l'alcool (Arak), ou la laisser s'aigrir en vinaigre. Le bourgeon terminal où se concentre la vie est excellent à manger (Chou-Palmiste) mais son ablation peut entraîner la mort du végétal. La moëlle d'un Sagoutier des Moluques produit jusqu'à 350 kilos d'une fécule agréable, le Sagou.

On voit quelques Chamerops et Palmiers-nains le long de la Corniche, de Monaco à Toulon. La place d'Hyères est ornée de quelques beaux stipes. En Espagne, le dattier fructifie à partir de Valence : il se fait une vente très importante de Palmes à l'occasion du jour des Rameaux.

II - Famille des Liliacées (Lilium : Lys).

Famille très naturelle, au beau périanthe coloré 3+3, type des corolles liliacées. Le pistil de 3 carpelles, contenant chacun 2 rangs d'ovules, est entouré par 6 étamines qui s'insèrent à sa base ; il se transforme en une capsule ou une baie. De nombreux Bulbes ou Oignons servent à la plus facile des multiplications : ils s'attachent à la base des tiges, qui se dressent en belles Hampes florales, couvertes de fleurs et non de feuilles. Les Rhizômes, ou tiges souterraines, sont assez fréquents. Le genre Ail offre une ombelle simple (Sertule) abritée dans une spathe parcheminée ; la plante doit ses propriétés à une essence sulfurée ; on utilise les nombreuses gousses (caïeux) interposées entre les tuniques du bulbe. L'ombelle possède aussi de petits bourgeons charnus, les Bulbilles, qui reproduisent le végétal lorsqu'ils s'enterrent. Les autres espèces, moins énergiques, sont : l'Oignon, type des bulbes tuniqués, à tige fistuleuse renflée ; le Poireau sans caïeux ni bulbilles ; l'Echalote originaire d'Ascalon ; la Ciboule dont les feuilles sont aromatiques ; la Rocambole ou ail d'Espagne à larges feuilles.

Dans l'Asperge, nous mangeons les bourgeons allongés ou Turions que produit un rhizôme ; le joli feuillage consiste en rameaux, ou Cladodes. Ils portent de petites feuilles écailleuses et des fleurs, qui deviendront des baies rouges.

Beaucoup de Liliacées sont ornementales : Lys, Tulipe, Fritillaire ou couronne impériale ; Jacinthe et Tubéreuse parfumées.

Les Iridées ont leur ovaire infère descendu très bas ; les sépales se distinguent par un tapis de peluche. Trois stigmates pétaloïdes s'élargissent en trois niches qui abritent les 3 étamines. Le rhizôme de l'Iris de Florence produit un parfum recherché. De grandes feuilles s'allongent en glaive chez le Glaïeul (Gladiolus) Les 3 stigmates orangés du Safran servent en teinturerie et comme condiment.

III - Famille des Orchidées (Orchis)

Elle renferme des plantes bizarres, dont les fleurs ressemblent à des insectes, et dont les feuilles ont des reflets métalliques. Aussi leur consacre-t-on de plus en plus des serres spéciales, où elles retrouvent les atmosphère d'origine, tiède et très humide.

Le Périanthe brillant 3+3 se divise d'ordinaire en 2 régions. Un casque formé de 5 pièces; un Tablier ou Labelle qui représente le 3e pétale supérieur, muni d'un éperon chez les Orchis. L'éperon manque aux Ophrys; la torsion de l'ovaire amène le Tablier au-dessous du Casque et l'ensemble rappelle à s'y méprendre, une mouche, une abeille, une guêpe, une araignée. A l'intérieur de ces « Insectes végétaux » les 3 étamines sont gynandres, c'est-à-dire soudées au style. Le pollen s'agglomère en 2 masses, ou Pollinies, que termine une glande visqueuse, pour faciliter leur transport par les insectes. La capsule s'ouvre en 3 valves et lance une multitude de petites graines sans albumen; et, chez les parasites, sans cotylédon.

Plusieurs grandes orchidées des pays chauds sont des lianes épiphytes qui laissent pendre des racines aériennes jusqu'au sol. telle est la Vanille.

D'autres orchidées sont parasites et vivent sur les arbres et sur les débris végétaux des forêts équatoriales.

16e Leçon

1e Fin des Monocotylédones. 2e Embranchement des Gymnospermes.

IV - Famille des Graminées (Céréales, Foin, Roseaux).

I - Ouvrez un dictionnaire: vous y lirez que les Graminées sont Périspermées, Apérianthées, Glumacées, c'est-à-dire que l'unique cotylédon est secondé par un périsperme; que la fleur n'a pas de périanthe, ni calice, ni corolle; mais que les enveloppes florales ne sont pas supprimées car elles sont représentées par d'importantes bractées, Glumes, Glumelles ou Glumellules. L'Albumen farineux nous donne le pain, le sucre de fécule ou glucose, la Bière, l'alcool de grains. Les Graminées des prairies naturelles constituent le foin, base de l'alimentation de nos animaux domestiques, avec les grains de quelques céréales, l'Avoine, le Millet, le Maïs. Sur une partie du globe, le Riz est la principale nourriture des humains. Citons encore la Canne-à-sucre l'Alfa, les Bambous. Nous voici donc arrivés à l'étude de la famille la plus utile.

II- 1° L'inflorescence en épi, ou en panicule, résulte de l'Association d'Epillets, sessiles dans l'Epi, pédonculés dans la panicule. 2° Chaque Epillet est un groupe de fleurs, abrité par deux glumes. 3° Chaque fleur paraît construite sur le type ternaire, mais l'atrophie de quelques organes altère la disposition primitive. 4° Un pseudo-calice de 2 glumelles (Paillettes, Balle) protège la fleur: l'inférieure est externe, calleuse, convexe, pointue, pouvant même se prolonger en Barbe; la supérieure est interne, molle, concave, parfois bifide. 5° Les 2 glumellules (Squamules, Paléoles) alternent avec les glumelles, et tiennent lieu de corolle; ce sont 2 petites bractées membraneuses qui entourent l'ovaire. 6° Les 3 étamines ont des filets minces, longs, courbés par le poids des grosses anthères. 7° L'Ovaire est surmonté de 2 styles, bien qu'il n'ait qu'une seule loge; nous avons constaté cette disposition chez les Composées. Les 2 stigmates sont plumeux. 8° Le fruit est un Caryopse dans lequel la graine est soudée au péricarpe. 9° L'Embryon est caractérisé par l'expansion de sa tigelle en Ecusson. 10° C'est l'Albumen qui constitue la Farine. La mouture élimine le péricarpe, les téguments et l'embryon, c'est-à-dire le Son, très utile pour la basse-cour, car il renferme 0,12 de gluten et 0,32 d'amidon. Le Maïs et le Riz ne peuvent pas servir à faire du pain, à cause de leur pauvreté en gluten; la pâte ne se gonflerait pas. 11° Feuilles alternes, distiques, à pétiole engainant, fendu, et à limbe étroit, offrant à leur jonction une stipule membraneuse, la Ligule. 12° Tige creuse, Chaume ou Paille, et Bambou, imprégnée de silice, ce qui la rend tenace et incorruptible. Chaque nœud foliaire présente une cloison résistante. L'intérieur est rempli d'un jus sucré dans la Canne-à-sucre, le Sorgho, le Maïs jeune.

Parmi les Céréales: 1° Le Blé ou Froment (triticum); ses épillets sessiles, formés de 4 à 5 fleurs, s'insèrent isolément sur les dents de l'axe d'un Epi, qui n'est pas articulé avec la tige. Le Blé ordinaire, tendre ou demi-dur, soit d'automne, soit de printemps, offre de nombreuses Variétés. Non barbu (Odessa, Hongrie); Barbu (Toscane, Victoria); Poulard à paille pleine (rouge, bleu; de Smyrne); Blé de Pologne. Les blés durs, riches en gluten, ont régné longtemps en Sicile et au nord de l'Afrique. On sème dans les terrains médiocres l'Epeautre ou Blé velu, chez lequel les glumellules adhèrent au grain, comme sur l'orge. 2° Orge: Ses épillets, groupés 3 à 3, sont protégés par un involucre de 6 glumes: chacun renferme 2 fleurs dont une seule s'épanouit. L'orge sert à fabriquer la bière; un ferment nommé Diastase; la Dextrine, le Glucose, l'Alcool. L'orge mondée, perlée, est rafraîchissante. 3° Seigle: Sa farine produit un pain foncé, lourd; associée au miel, elle forme le pain d'épices. Dans les pays montagneux on sème le Méteil, mélange de seigle et de froment. 4° Avoine: Grands épillets, pédonculés, groupés en une élégante panicule. Les grains conviennent aux chevaux et à la volaille. Dans le nord, on en fait un pain noir, visqueux, indigeste. Le gruau d'avoine concassée sert pour tisanes adoucissantes; cuit dans le lait, il constitue un bon aliment. 5° Millet sert pour la basse-cour et la volière. Il entre pour la majeure partie dans l'alimentation des nègres d'Afrique, avec le Sorgho. 6° Maïs, ou « Blé de Turquie », bien qu'il vienne d'Amérique. Les fleurs pistillées forment une douzaine de rangées sur un axe épais. Sa farine est employée à l'engraissement de la volaille. 7° Riz: c'est la nourriture principale en Chine, dans l'Inde, au nord de l'Afrique.

Parmi les graminées des Prairies naturelles, dont l'ensemble constitue le Foin, nous ne citerons que: la Flouve parfumée et le Ray-grass.

Sous le nom de Roseaux, on groupe 1° Le Roseau proprement dit employé comme textile passable et pour la fabrication du papier. 2° la Canne de Provence, ornementale. 3° Trois plantes textiles et sociales, vivant agglomérées, étouffant les autres: l'Alfa algérien, le Stipa russe, et le Lygée-Spart, utilisés pour Sparterie, cordes, paniers. 4° Le Sorgho fournit du sucre. 5° la Canne-à-Sucre importée de l'Inde aux Antilles est une graminée de 4 mètres dont la moëlle juteuse laisse écouler, sous la pression des cylindres broyeurs, le Vesou qui contient 20% du plus beau sucre cristallisable. On évalue à 3000 tonnes la production annuelle. La fermentation des Mélasses et autres résidus donne le Rhum. Les trois variétés les plus estimées sont celle de Taïti, la canne de Java au feuillage rouge, et celle de Bourbon aux feuilles vertes. 6° Enfin les Bambous, sucrés et comestibles au début; ils deviennent à la fois durs et légers, dépassent 30 mètres, et se prêtent à tous les besoins des peuples industrieux.

Fin des Monocotylédones.

Embranchement des Gymnospermes (Graines nues).

I_ Les caractères principaux sont résumés sur la Planche et sur le Tableau placé en regard. Le nom de Gymnospermes signifie que les oeufs végétaux sont nus, tandis que chez les précédents ils étaient clos dans un ovaire protecteur. Donc les graines sont libres, et la plante n'a pas de véritable fruit. Pour protéger ces semences, des Bractées s'associent en spirales et forment un cône écailleux. Parfois la bractée devient charnue et se creuse, formant la fausse drupe des Ifs, la « fausse baie » du Genévrier. Longtemps on laissa ces végétaux à côté des Amentacées parce qu'ils se partagent nos forêts et que ce sont des plantes Apétales et Diclines. Mais les Gymnospermes sont moins bien organisés ; ils n'ont pas de véritables vaisseaux ils ont apparu dès le terrain Houiller, bien avant les premiers dicotylédones du Crétacé. Les plus connus ont plusieurs cotylédons.

II. On les divise en 2 classes. Par leur port général, leur feuillage palmé un peu rigide, leur structure, et leur habitat tropicales, les élégantes Cycadées sont intermédiaires entre les Fougères et les Palmiers. Elles se plaisent dans l'hémisphère austral. On utilise leurs gommes et leurs fécules. Les Cycadées fossiles ont régné dans le Trias.

Les Conifères sont les arbres verts résineux, aux feuilles persistantes et dures, et qui produisent les térébenthines. Ces grands végétaux préfèrent les hautes montagnes (Vosges) et les latitudes septentrionales (Norvège). Ils servent de transition entre les Prêles et les Lycopodes (fossiles) d'une part, et les Amentacées d'autre part. Le bois est formé de Trachéïdes, longues clostres aréolées, dont les perforations sont disposées 2 à 2 en regard. A peine quelques trachées dont l'étui médullaire ; jamais de véritables vaisseaux. Ces arbres résineux sont incorruptibles, hydrofuges bons combustibles ; sans rivaux pour la construction des navires, des mâts, des chalets, des conduites d'eau, des pilotis, et même pour meubles rares (mélèze) à odeur balsamique (cèdre). La térébenthine ou goudron végétal est produite au sein de Tubes sécréteurs fermés ; on l'extrait en blessant l'arbre. La distillation sépare l'essence de térébenthine d'avec la résine solide, ou Colophane, employée pour savons et pour enduire l'archet. L'Ambre jaune ou succin (Electron) est la colophane fossile des Pinites.

III_ Famille des Abiétinées (Abies, épicéa ou sapin des parcs) 1° Le Pin est plus svelte que le sapin parce que ses premières branches partent d'assez haut. Ses feuilles forment des houppes. Le Pin Sylvestre règne dans les Alpes et dans toute l'Europe septentrionale. Le Pin de montagne et le Pin nain s'élèvent sur les sommets de l'Europe centrale. Les graines oléagineuses du Pin pignon sont comestibles : ce bel arbre en parasol se plaît sur les bords de la Méditerranée. Le Pin maritime fixe les dunes, depuis les conseils de Brémontier ; il fait la prospérité du département des Landes, on en retire la térébenthine de Bordeaux.

2º L'Epicéa (Abies) est un superbe végétal intermédiaire entre le pin et le sapin ; c'est lui qui orne les parcs. 3º Le Sapin (Picea) a des feuilles distiques et des cones dressés, à écailles larges et caduques. Ses graines ailées rappellent les samares de l'orme. Il s'élève moins au nord que le pin, mais il le dépasse sur les hautes cimes. 4º Mélèze (Larix). Cet arbre, qui a le port d'un cèdre se reconnait à deux caractères ; il perd ses feuilles chaque année, et ses cônes ovales sont très petits. Il recherche les hauteurs, le voisinage des glaciers.

5º Cèdre. Arbre majestueux, couronné d'un sombre feuillage, régulièrement étagé, au bois aromatique et incorruptible. Les cèdres du Liban servirent à construire le Temple de Jérusalem. On croit que sept de ces doyens sont contemporains de Salomon. Les cèdres algériens forment de magnifiques forêts sur les crêtes de l'Atlas. 6º Séquoïa de Californie, géant du règne végétal, qui atteint 150 m, avec 42 m. de circonférence à la base. 8º Araucaria de l'Amérique du Sud, très à la mode : on en voit de fort beaux, à écailles imbriquées, dans l'île de Jersey et sur le littoral normand, par exemple à la gare d'Yvetot.

IV- Famille des Cupressinées (Cupressus, cyprès). Le Cyprès dont le bois incorruptible est très estimé, se reconnait à son feuillage conique, sombre, symbole de deuil, et à ses Galbules, globuleux comme le clou de girofle. Le Thuya se reconnait à son feuillage comprimé. Le Callitris d'Algérie fournit la résine Sandaraque. Le Genévrier a des feuilles en aiguilles, associées 3 à 3. Son cône devient charnu : la graine est protégée par une cupule molle, noire, acerbe, sorte de fausse baie qui parfume les grives, et dont la distillation retire le genièvre ou gin.

Fin des Gymnospermes

17° Leçon

Cryptogames ou Acotylédones

Sans fleurs et sans Cotylédons

En leur donnant ce nom de Cryptogames (reproduction ignorée), Linné indiquait qu'ils sont privés de véritables fleurs, dépourvus d'étamines et de pistils. On sait aujourd'hui que ces végétaux possèdent des organes qui tiennent lieu de fleurs, les Anthéridies et les Archégones, et qu'en outre ils ont des sortes de bulbilles les Spores, capables de reproduire la plante sans le concours d'aucun autre organe. Les Anthéridies sont des capsules, analogues aux anthères, qui contiennent un pollen mobile, de petits corps agiles, les Anthérozoïdes, chargés de féconder l'oeuf végétal. Les Archégones sont des bouteilles, comparables par leur structure à un pistil, et par leur rôle à un ovule nu des gymnospermes; leur base renflée renferme l'œuf (oospore) que doivent féconder les anthérozoïdes. Quant aux Spores, ce sont de simples cellules qui germent, et reproduisent le végétal: peu importe de savoir qu'elles sont logées dans des capsules nommées Sporanges, Asques, Thèques, etc. Beaucoup de Cryptogames subissent une génération alternante, comme les Méduses; la fougère passe par 2 états; la Rouille du blé par 3 phases. En étudiant 2 groupes extrêmes les fougères et les algues, nous aurons une idée suffisante de la multiplication des Acotylédones.

1° Fougères. A la face inférieure de leurs belles Frondes, sont groupées des capsules, avec anneaux élastiques, qui éclatent et lancent une multitude de Spores. Celles-ci s'enterrent, germent comme des bulbilles, et forment une lame verdâtre, échancrée en cœur, le Prothalle. C'est lui qui reproduira la fougère. Voici comment. Il se couvre de racines, en dessous et, sur les bords, des 2 sortes d'organes reproducteurs, urnes et bouteilles, Anthéridies et Archégones. Les premières produisent des Anthérozoïdes (sorte de pollen animé) agités de vifs mouvements que facilitent leurs cils antérieurs et leur queue spiralée. Ils pénètrent dans l'archégone, comme un tube pollinique traverse un pistil et, sous leur impulsion, l'oeuf végétal est fécondé. Il reproduira la Fougère initiale, en vivant d'abord aux dépens des provisions accumulées dans le prothalle, que l'on compare à un albumen.

2° Algues. Les Algues ont 4 modes de multiplication. 1° et leurs extrémités sont des Capsules qui renferment des anthéridies et des œufs. Les petits anthérozoïdes agiles font tournoyer la grosse cellule qui s'enveloppe, alors, d'une membrane de cellulose et devient Oospore. 2° Par Conjugation ou pénétration réciproque, 2 cellules placées parallèlement, en regard, en forment une 3me capable de reproduire l'algue. 3° Des capsules spéciales émettent des Séminules ovales, ciliées, agiles, nommées Zoospores, parce que leurs mouvements rappellent ceux des Infusoires. Elles se fixent par un bec, perdent leurs cils, germent, forment une algue. 4° le Bourgeonnement suffit: une cellule grossit, se dédouble et forme une spore, point de départ d'un nouveau végétal. On divise les Cryptogames en Acrogènes dont la tige s'allonge (Fougère, Mousse) et en Amphigènes, sans tige, qui s'élargissent de tous côtés (Champignons, Algues). Soit 4 Classes: Filicinées, Muscinées, Champignons, Algues.

1re Classe: Acrogènes Filicinées. Le 1er nom indique une tige qui s'allonge, et le 2me signifie que les fougères servent de type. On les nomme encore Vasculaires, parce que les fibres du ligneux sont associées à des vaisseaux, presque tous scalariformes. Elles ont de véritables racines. L'embryon, assez simple, est privé de cotylédon. Le prothalle n'est que secondaire, transitoire, tandis qu'il sera permanent et développé chez les champignons et les algues (mycelium, thalle)

1er Ordre: Fougères. Leurs belles Frondes, d'abord roulées en crosse, sont utiles en médecine (sirop de Capillaire), ainsi que leurs rhizômes vermifuges ou toniques

2° Ordre: Equisétacées, ou Prêles. — Ce sont de petites plantes marécageuses surnommées Queues de cheval. Leur rhizôme, aux puissantes ramifications souterraines, émet une tige creuse, cannelée, emboîtement de 2 tuyaux. De chaque nœud partent des rameaux grêles, articulés, verticillés (autour d'une gaîne à fines dentelures) rappelant les cladodes de l'asperge. La tige et quelques rameaux dénudés se terminent par les Cônes reproducteurs. Ils consistent en boucliers écailleux, implantés comme des clous, disposés circulairement en lustres, et abritant quelques rangs de Sporanges. Il en sort des spores, munies de 4 lanières hygrométiques, élastiques, les Elatères. Sous l'influence de l'humidité et de la sécheresse, les élatères font bondir les spores dont la dissémination est ainsi assurée. Chacune produit en germant un petit prothalle sur lequel naissent les archégones et les anthéridies. On mange la Prêle (Equisetum) quand elle est encore jeune. Sinon, elle devient tellement siliceuse qu'on l'emploie à polir le bois et les métaux. Tel est l'humble représentant d'une famille qui fut géante à la fin de l'Époque Primaire, et qui a contribué à former la houille.

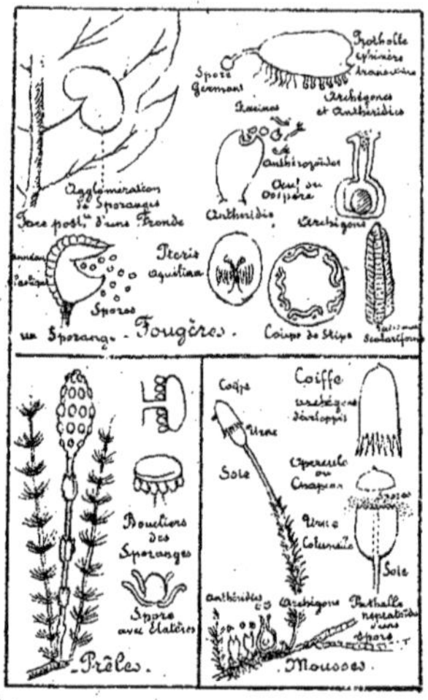

3e Ordre _ Lycopodées. Plus intéressant, lui aussi, par les espèces fossiles que par ses représentants actuels. L'Anthracite du Dévonien et la Houille du Calcaire carbonifère ont été formées de Sagenaria et de Sigillaires. Celles-ci ressemblent à de grands plumeaux avec leurs feuilles épineuses. Le tronc et la racine (Stigmaires) sont ornés de mosaïques déterminées par la chute des feuilles et des radicelles, régulièrement distribuées. Nous avons remarqué le Lépidodendron de 40 m. Ces végétaux étaient caractérisés par la dichotomie de leur arborisation (dédoublement de 2 en 2), ils le sont encore. Trois humbles plantes, surnommées (Fausses Mousses) représentent ces colosses d'autrefois. 1° Le Lycopode porte des spores très fines, poudre jaune employée en pharmacie et en pyrotechnie. 2° La Sélaginelle forme dans les serres et les parcs le plus frais des gazons.

2e Classe : Acrogènes muscinées.

Avec elles disparaissent définitivement les vaisseaux et les fibres : les mousses sont uniquement cellulaires ; la tige est très simple, les racines se réduisent à des radicelles, les feuilles sont de petites écailles. Et cependant J.J. Rousseau disait : « On peut m'enfermer à la Bastille, pourvu que j'y trouve des mousses ! » tant il pressentait que l'organisation de ces humbles plantes est digne d'intérêt. Les feuilles se modifient en bractées à la base des anthéridies et des archégones. Quand les anthérozoïdes ont fécondé l'œuf végétal au sein de l'archégone, ces deux organes s'allongent en urne à l'extrémité d'une soie élégante. Cette urne se remplit de spores ; elle est protégée par un Chapeau, surmonté d'une coiffe. A la maturité, coiffe et chapeau sont soulevés, les spores tombent, germent et produisent un prothalle, allongé comme un helminthe. Des bourgeons s'organisent çà et là, grandissent, et reproduisent une mousse complète.

Les Mousses contribuent à former le terreau. Les sphaignes ou

Mousses blanches des maricages, entrent pour la majeure partie dans la constitution de la tourbe. Plusieurs mousses boréales servent de nourriture aux rennes, et même aux humains.

Cryptogames Amphigènes.

Dépourvus de tige, ils croissent sur le pourtour, ils augmentent en s'élargissant. Uniquement cellulaires, ils sont formés de cellules, allongées en tubes, qui s'associent en un feutrage tenant lieu de tige de feuilles et de racines ; ce feutrage, c'est le mycelium des Champignons le thalle des Algues.

1re Classe: Champignons.

Privés de chlorophylle, dépourvus d'organes verts, les Champignons ne forment pas d'amidon. Ils vivent de matières organiques toutes préparées, soit sur les résidus des décompositions, soit en parasites des êtres vivants. Mieux que d'autres, ils acceptent l'obscurité d'un ombrage ou d'une cave. Les organes de végétation consistent en un enchevêtrement souterrain, de filaments cellulaires, feutrage nommé mycélium ou Blanc de champignon. La multiplication s'effectue par des spores groupées au-dessous d'un parasol ou chapeau, auquel s'applique l'expression de Fongiforme. Le chapeau est souvent protégé par une membrane, une sorte de spathe, dont les débris constituent autour du pied une véritable collerette.

Utilités. Quelques Champignons, agréables à manger, sont fort nourrissants, très azotés. On cultive dans les carrières et dans des caves, le Champignon de couche ou Agaric champêtre. On recherche le Bolet ou Cèpe, l'Oronge, la Morille, et surtout la truffe dont les spores sont internes. L'Amadou, est un polypore imprégné de salpêtre. Plusieurs champignons parasites nous rendent service en détruisant les chenilles et d'autres insectes. Les ferments sont des champignons microscopiques ou Mycodermes ; les plus utiles sont : la Levûre de bière (son dérivé, le Levain du pain) et la Levûre du vin, ferments alcooliques qui transforment une certaine quantité de sucre en alcool et gaz carbonique : il faut donc ventiler le pressoir et la brasserie. La Mère du vinaigre convertit le vin en vinaigre. Les moisissures vertes du Roquefort modifient sa caséine sèche en une sorte de beurre onctueux. Le ferment Nitrique transforme en salpêtre ou nitre, l'ammoniaque du sol.

Par contre, beaucoup de champignons sont nuisibles. Et d'abord, les parasites, tels que l'oïdium de la vigne ; et ces trois destructeurs du Ver-à-soie, qui déterminent la muscardine, la pébrine et la flacherie. Les céréales sont altérées par des parasites qui produisent la Rouille, le Charbon, la Carie, l'Ergot du seigle. Ce sont des ferments, avons-nous dit, qui transforment le sucre du raisin et de l'orge germée en alcool. Mais ce sont aussi des Ferments qui déterminent les maladies de la bière et du vin. On les combat avec le gaz sulfureux, SO^2, en brûlant du soufre dans les tonneaux. Le plus possible on a recours à la Pasteurisation ou chauffage à 65°, température qui détruit ces ferments. On procède de même pour stériliser le lait. Plusieurs moisissures sont vénéneuses. Enfin beaucoup de champignons que l'on croirait comestibles peuvent empoisonner ; et le plus grand danger provient de ce qu'ils ressemblent aux espèces recherchées. La comparaison n'est possible, avec des restrictions, qu'entre espèces voisines. Tandis que le dessous du chapeau, ou Hyménium du champignon de couche devient, successivement rose, violet et brun, celui de l'Amanite vénéneuse demeure blanc. Aucun caractère n'est bien tranché. Aspect, couleur, odeur, saveur, latex, présence des limaces, cuiller d'argent qui noircit, etc., rien n'est formel. Dans le doute, s'abstenir. On conseille de faire bouillir longtemps, dans une eau fortement salée et vinaigrée, alors autant manger de l'amadou.

Famille des Lichens _ Intermédiaires entre les Champignons et les Algues, les Lichens sont, le plus souvent, formés par l'association d'une algue avec un champignon, celui-ci fournissant à la communauté les albumines, et celle-là l'amidon. On a fait la synthèse de ce curieux duo, en semant certains champignons sur certaines algues. Lichen signifie dartre. Ces plantes vivent sur l'écorce des arbres ; elles se fixent aux pierres, aux statues, qu'elles couvrent d'une lèpre pulvérulente (Variolaire, Lepraria) On surnomme les Lichens « pionniers du monde végétal » parce qu'ils peuvent vivre sur les laves et les rochers, qu'ils dissocient peu à peu, de manière à frayer la voie aux mousses et aux végétaux supérieurs. On les trouve seuls sous les glaces polaires et sur les sommets les plus élevés. Bien qu'ils aiment la lumière et la chaleur, ils peuvent donc braver l'obscurité et le froid. Leur besoin d'humidité est absolu : la sécheresse rend leur vie latente, puis l'eau les ranime. Les rennes n'ont pas d'autre nourriture en hiver que le Cénomyce qu'ils savent déterrer sous la neige.

2e Classe ; Algues_ Ce sont des plantes aquatiques, les unes flottantes, les autres submergées, au Thalle simple ou ramifié, que soutiennent souvent de larges Vésicules aériennes. Elles ont toutes les dimensions, depuis le Protococcus des Alpes; cellule rouge dont l'accumulation donne à la neige la teinte du sang, - jusqu'aux algues de 500 m capables de ralentir la marche des navires, les Urvillées, dont le nom rappelle le voyage autour du monde de Dumont-d'Urville. Les Sargasses ou Raisins de mer ont donné leur nom à la région de l'Atlantique qui s'étend au-dessous des Açores. Les Fucus forment des prairies sous-marines. Le plasma coloré des algues, ou Endochrome, est une association de chlorophylle avec trois pigments; il en résulte 3 colorations dominantes. Les algues Vertes sont flottantes; les Brunes descendent jusqu'à 250 m.; les Rouges se fixent aux rochers. La chlorophylle produit un amidon qui se convertit gomme, sucre, gelée, glu. On retire des espèces marines la Soude; puis l'Iode et le Brôme. En outre les Fucus, les Laminaires servent, sous le nom de Goëmon ou Varech, d'engrais, et pour emballer le poisson. D'autres sont converties en papier, en cordes. L'hirondelle Salangane construit son nid comestible avec la Gélidie.

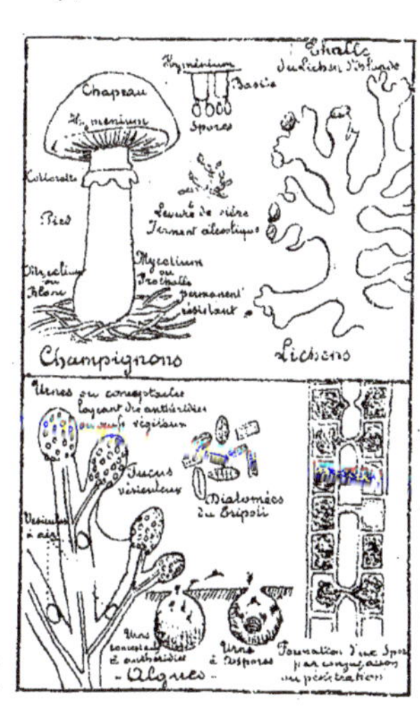

Enfin, nous citerons des infiniment petites, telles que les Zoosporées, qui se reproduisent par des spores mobiles, comparables à certains infusoires, les Diatomées à carapace siliceuse, les Ambulatoriées, douées de mouvements rapides et de cils vibratiles.

Et nous arrivons ainsi à des êtres moitié animaux, moitié plantes, intermédiaires entre les deux règnes, les Microbes. - Ce sont des cryptogames microscopiques, pullulant avec une rapidité inouïe soit en bourgeonnant, soit en formant des spores libres ou enkystées - tels les infusoires.

Les Microbes sont les germes de maladies infectieuses, soit par eux-mêmes, soit en produisant des alcaloïdes vénéneux: Bactérie du charbon, vibrion de la gangrène, Spirille du typhus.

Après avoir étudié les maladies du ver-à-soie et des boissons alcooliques, Pasteur a été amené à s'occuper des microbes: il en supprime quelques uns par le filtrage et la stérilisation, il en transforme d'autres par des cultures graduellement affaiblies ou vaccins-préservateurs. - De même que le vaccin met à l'abri de la petite vérole, de même en inoculant certains virus affaiblis soit avant tout accident, soit même après coup, Pasteur et les savants qui l'ont suivi dans cette voie combattent victorieusement le choléra des poules, le rouget des porcs et chez l'homme, le croup, le venin de la vipère, la rage, le tétanos et la typhoïde.

Table des Matières

Table des Matières (suite).

ÉCOLE DU GÉNIE CIVIL

Pour l'Industrie, la Marine, les Grandes Écoles et les Administrations

152, Avenue Wagram, PARIS (17e)

Directeur : M. Julien GALOPIN, ✠, Ingénieur

BULLETIN DE RENSEIGNEMENTS

(A renvoyer à l'Ecole)

NOTA. — Le présent bulletin n'engage en rien la personne qui le remplit. Il est simplement destiné à donner à l'Ecole des renseignements précis, soit sur les cours à suivre, soit sur la situation que l'on désire obtenir.

(L'École est heureuse de renseigner gratuitement et aussi complètement que possible toutes les personnes qui s'adressent à elle).

Nom et prénoms du candidat .... ____________________

Adresse .... ____________________

Lieu et date de naissance .... ____________________

Etablissements scolaires qu'a fréquentés le candidat .... ____________________

Quelles classes a-t-il faites ?........ ____________________

Grades universitaires .... ____________________

Quelles sont exactement ses connaissances mathématiques ?............ ____________________

Connaissances techniques ou manuelles. ____________________

Quels emplois le candidat a-t-il occupés ? ____________________

Situation actuelle.............. ____________________

Quelle section, partie de section ou cours désire-t-il suivre ?............ ____________________

Quelle situation ou quel concours a-t-il en vue ?..................... ____________________

A ____________________ le ____________________ 19

Signature du Candidat

Enregistré à Paris, le ____________________ *Visa du Chef de Service.*

ENSEIGNEMENT PAR CORRESPONDANCE

Détachez cette feuille et adressez-la, après l'avoir remplie, à la Direction de l'École, 152, Avenue Wagram, Paris ; vous recevrez gratuitement le programme général de l'École, qui est une brochure très complète sur un grand nombre de carrières. Si, par hasard, les renseignements que nous vous fournissons ne vous étaient pas utiles, ils le seraient certainement à quelques-uns de vos amis.

L'Enseignement par Correspondance

SES AVANTAGES

L'enseignement par correspondance créé en Amérique où il est fort répandu, n'a aucun rapport avec d'autres méthodes d'enseignement par correspondance, qui s'ouvrent chaque jour. Cet enseignement, qui a exigé près de quinze années d'efforts ininterrompus, se plie à toutes les situations, à toutes les exigences, évite tout dérangement à l'élève qui peut n'y consacrer que ses moments de loisirs. Il permet à tous de conquérir une situation ou d'améliorer une situation déjà acquise.

L'enseignement est individuel ; l'élève en fixe lui-même le commencement et la durée ; les leçons qu'il reçoit lui sont personnelles.

Le bagage de l'enseignement par correspondance se compose :

1° *D'ouvrages édités par l'Ecole, spécialement pour le* **travail chez soi ;**

2° *De séries d'exercices englobant toute la substance des cours et exigeant pour être traitées la connaissance approfondie de ces cours ;*

3° *D'un tableau de travail ou plan d'études fixant, pour chaque période de travail dont la durée varie de 8 à 15 jours, suivant le temps dont l'élève dispose, la partie du cours à apprendre et la série d'exercices à rédiger.*

La marche de l'enseignement est très facile à comprendre. L'élève apprend d'abord la partie du cours indiquée par son plan d'études, traite ensuite les devoirs correspondants et les retourne à l'Ecole pour correction. Ces devoirs, revêtus de notes, critiques et solutions du professeur, parviennent à l'élève, qui s'en pénètre et passe ensuite utilement à la tâche suivante, fixée par le tableau de travail. Un service spécial suit les études de l'élève, le dirige et le conseille dans son travail.

LES RAISONS DE NOTRE SUCCÈS

Nous résumons succinctement les causes des brillants succès de l'Ecole. Les personnes désireuses d'être complètement renseignées sur son fonctionnement n'auront qu'à demander le **Programme officiel qui leur sera adressé gratuitement par la Direction.**

1° L'Ecole ne faisant aucun bénéfice sur son enseignement a pu établir des prix de préparation qu'**aucun établissement commercial** ne pourrait faire, **à valeur égale d'Enseignement.**

2° Etant la seule Ecole de ce genre qui **soit subventionnée** en raison de la haute valeur de son enseignement et **recevant chaque année de nouvelles subventions**, le prix de ses préparations va sans cesse en diminuant tandis que le nombre des cours augmente continuellement

3° Son personnel, très sévèrement sélectionné, ne se compose que de professeurs, d'ingénieurs ou d'officiers ayant tous une certaine célébrité par les travaux qu'ils ont faits.

4° **Les professeurs enseignent par correspondance les cours qu'ils professent sur place. C'est la seule Ecole par Correspondance qui jouisse de cet avantage.**

5° La moyenne des élèves reçus aux concours et examens a été jusqu'ici extrêmement élevée.

6° Chacun peut s'instruire sans que personne ne le sache, **même en suivant des cours dans une autre Ecole.**

7° Tous les élèves se préparant aux carrières industrielles ou non reçus aux examens **sont rapidement placés par les soins de l'Ecole.**

8° Grâce aux nombreux ouvrages de l'Ecole (500 cours imprimés ou autographiés), réimprimés chaque année, les élèves ont non seulement les plus grandes facilités pour s'instruire, mais lorsqu'ils ont quitté l'Ecole, ils peuvent encore suivre très rapidement les progrès réalisés chaque jour dans la Mécanique ou les Sciences.

9° Les diplômes de l'Ecole sont très appréciés dans la Marine marchande et dans l'industrie, à cause des capacités reconnues de nos élèves.

C'est d'ailleurs la seule Ecole qui délivre pour toutes les *branches de l'Industrie* des diplômes *à tous les Grades* **(Contremaitres, Conducteurs, Sous-Ingénieurs, Ingénieurs).**

10° Les anciens Elèves sont groupés en Association, ce qui permet à tous les adhérents de la Société d'être prévenus immédiatement des divers avantages pouvant les intéresser. *(Demander les statuts).*

11° Une revue technique mensuelle, " *La Revue Polytechnique* " qui a justement et très rapidement acquis une place dans la littérature technique, traite de sujets originaux et fort intéressants. Elle est remise gratuitement, chaque mois, aux anciens Elèves. *(Prix d'un spécimen, 1 fr.)*

Un bulletin mensuel est de plus l'organe de la Société des Anciens Elèves qui le reçoivent **gratuitement.**

12° Les ouvrages de l'Ecole du Génie Civil sont adoptés par les Ecoles de la Marine et par de **nombreuses Ecoles Industrielles. (Ecoles d'Arts et Métiers, Instituts Electro-techniques, Ecoles de Mécaniciens, etc.).**

Vᵉ BIRTEGUE & GARDEBAULT, ISSOUDUN.

www.ingramcontent.com/pod-product-compliance
Ingram Content Group UK Ltd.
Pitfield, Milton Keynes, MK11 3LW, UK
UKHW021105270726
13993UKWH00006B/1023